薬学生のための基礎シリーズ

7

編集委員長 入村達郎

基礎化学

楯 直子・平嶋尚英 共編

培風館

本書の無断複写は，著作権法上での例外を除き，禁じられています．
本書を複写される場合は，その都度当社の許諾を得てください．

「薬学生のための基礎シリーズ」に寄せて

　平成18年度から，全国の薬系大学・薬学部に6年制の新薬学教育課程が導入され，「薬学教育モデル・コアカリキュラム」に基づいた教育プログラムがスタートしました．新しい薬学教育プログラムを履修した卒業生や薬剤師は，論理的な思考力や幅広い視野に基づいた応用力，的確なプレゼンテーション能力などを習得し，多様化し高度化した医療の世界や関連する分野で，それらの能力を十二分に発揮することが期待されています．実際，長期実務実習のための共用試験や新薬剤師国家試験では，カリキュラム内容の十分な習得と柔軟な総合的応用力が試されるといわれています．

　一方で，高等学校の教育内容が，学習指導要領の改訂や大学入学試験の多様化などの影響を受けた結果，近年の大学新入生の学力が従前と比べて低下し，同時に大きな個人差が生まれたと指摘されています．実際，最近の薬系大学・薬学部でも授業内容を十分に習得できないまま行き詰まる例が少なくありません．さまざまな領域の学問では，1つ1つ基礎からの理解を積み重ねていくことが何より大切であり，薬学も例外ではありません．

　本教科書シリーズは，薬系大学・薬学部の1, 2年生を対象として，高等学校の学習内容の復習・確認とともに，薬学基礎科目のしっかりとした習得と専門科目への準備・橋渡しを支援するために編集されたものです．記述は，できるだけ平易で理解しやすいものとし，理解を助けるために多くの図を用い，適宜に例題や演習問題が配置され，勉学意欲を高められるよう工夫されています．本シリーズが活用され，基礎学力をしっかりと身につけ，期待される能力を備えて社会で活躍する薬学卒業生や薬剤師が育っていくことを願ってやみません．

　最後に，シリーズ発刊にあたってたいへんお世話になった，培風館および関係者の方々に感謝いたします．

2010年10月

編集委員会

まえがき

　6年制薬学教育が平成18年度よりスタートし，この課程で学んだ学生たちを社会に送り出すに至りました．6年制薬学教育は平成14年に制定された「薬学教育モデル・コアカリキュラム」に準拠して行われています．

　化学は薬学を専攻するうえで必須の基礎科目であります．しかし，多様化する高等学校の理科教育や種々の形式の入学試験の実施により，薬学部新入生の化学の基礎学力に大きな差が生じているのが現状です．過去7年間，「薬学教育モデル・コアカリキュラム」に準拠した教育を行ってきたなかで，物理化学，分析化学，有機化学，生物化学などの化学系の薬学専門科目全般について，「薬学教育モデル・コアカリキュラム」に基づいて，学び，知識を修得するためには，その前段階として薬学部の新入生がおしなべて，薬学専門教育を受けるに足る一定レベル以上の化学の基礎学力を身につけていることが必須であることを痛感致しました．このことは，今年改訂された新しい「薬学教育モデル・コアカリキュラム」においても変わるものではありません．

　そこで，本書においては物理化学，分析化学，有機化学，生物化学などの薬学専門科目の導入として「基礎化学」を位置づけ，原子の構造，分子の構造，化学結合，酸と塩基，酸化と還元，化学平衡などについて，高等学校で履修する化学の内容の復習・確認に始まり，さらに発展させて，薬学専門科目と関連づけて，その導入部分についての知識を修得し理解を深めることを目標に掲げました．

　本書が，物理化学，分析化学，有機化学，生物化学などの薬学専門科目を学ぶために必要な化学の基礎学力・学修レベルを確認・維持し，さらに化学系薬学専門科目の導入部への橋渡しの役目を果たす有用な教材となりますことを願っております．

　2014年3月

編者　楯 直子・平嶋尚英

目　次

1. 物質の構造　　1
  1.1　物質の構成 …………………………………… 1
  1.2　化学結合と分子間力 ………………………… 10
  演習問題 …………………………………………… 33

2. 物質の状態　　37
  2.1　物質の三態 …………………………………… 37
  2.2　気　体 ………………………………………… 44
  2.3　溶　液 ………………………………………… 50
  演習問題 …………………………………………… 64

3. 物質の変化　　67
  3.1　化学平衡と反応速度 ………………………… 67
  3.2　酸と塩基の反応 ……………………………… 81
  3.3　酸化還元反応 ………………………………… 93
  演習問題 …………………………………………… 98

付　録　　100
  A.1　指数と対数 …………………………………… 100
  A.2　微分方程式 …………………………………… 104
  A.3　おもな実験器具 ……………………………… 110
  A.4　付　表 ………………………………………… 111

演習問題解答　　125
索　引　　127

1
物質の構造

　原子がつながると分子となり，原子や分子が集まって物質が構成される．ここでは，原子と分子の基本的な構造について学ぶ．また，原子がつながって分子となるときに電子が重要な役割を担うことから，原子や分子内での電子の配置についての基本事項を学ぶ．これらの基本事項を踏まえて，化学結合や分子間に働く力について理解を深め，物質の構造に関する基本事項を身につける．

1.1 物質の構成

1.1.1 原子，分子，イオンの基本的構造

　元素はすべての物質を構成する要素であり，実際にはそれぞれの元素に対応する原子という微粒子があり，原子が物質を構成している．

　図 1.1 のように，原子は正電荷を帯びた原子核が中心にあり，そのまわりを負電荷を帯びた電子が取り巻いている．さらに，原子核は正電荷をもつ陽子と電荷をもたない中性子から構成されている．原子核中の陽子の数を原子番号といい，原子番号によって原子の種類が決まる．陽子と中性子の質量はほぼ同じであり（中性子の方がわずかに重い），電子は陽子や中性子に比べるとはるかに質量が小さい．したがって，原子の質量は構成する陽子と中性子の質量でほぼ決まる．

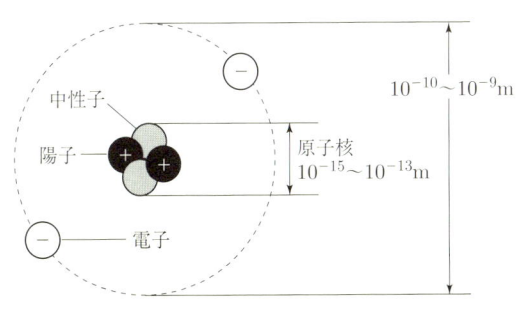

図 1.1　原子構造の模式図

分子は，2つ以上の原子から構成される電荷的に中性な物質である．分子には，水素分子 H₂ のように1種類の元素からできている単体と，水 H₂O のように2種類以上の元素が一定の割合で結合した化合物とに分けることができる（図1.2）．さらに，化合物は，有機化合物と無機化合物とに大別される．有機化合物は，炭素を必ず含む化合物であり，エタノールやタンパク質などである．一方，無機化合物は有機化合物以外の化合物であり，水や塩化ナトリウム（塩）などがある．なお，炭素を含む化合物でも，一酸化炭素や二酸化炭素，あるいは金属炭酸塩などは無機化合物に分類される．

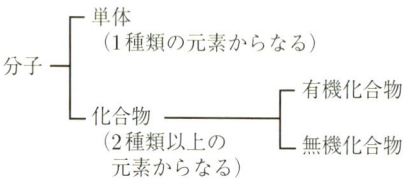

図 1.2　単体と化合物

原子や分子は電荷的には中性である．一方，電子の放出や取り込み，あるいは電気的に非等価に解離することにより生じた電荷を帯びた原子，または原子団をイオンという．例えば，水酸化ナトリウム NaOH は電気的に中性であるが，水に溶けるときナトリウムの電子1個をヒドロキシ基—OH 基に渡す．その結果，式 (1.1) のように解離し，ナトリウムイオンと水酸化物イオンとに分かれる．ナトリウムイオンのように正に荷電したものを陽イオン (カチオン)，水酸化物イオンのように負に荷電したものを陰イオン (アニオン) という．

$$\underset{\text{水酸化ナトリウム}}{\text{NaOH}} \longrightarrow \underset{\text{ナトリウムイオン}}{\text{Na}^+} + \underset{\text{水酸化物イオン}}{\text{OH}^-} \tag{1.1}$$

1.1.2　原子の電子配置

原子番号と等しい数の電子が，原子核のもっている正電荷の影響を受けながら，その原子核のまわりにいくつかの層に分かれて存在している．この電子が分布するいくつかの層を電子殻といい，原子核に近い方から K 殻，L 殻，M 殻，N 殻，… とよばれている．電子殻は，さらにいくつかの軌道 (副殻) に分かれていて (図1.3)，軌道と配置される電子は4つの数 (量子数) によって規定される．

① 主量子数 (n)　軌道の大きさとエネルギーを決める．
　$n = 1, 2, 3, \cdots$ であり，K 殻，L 殻，M 殻，… に対応する．
② 方位量子数 (l)　軌道の形を決める．
　$l = 0, 1, 2, \cdots, (n-1)$ であり，s 軌道，p 軌道，d 軌道，… に対応する．

1.1 物質の構成

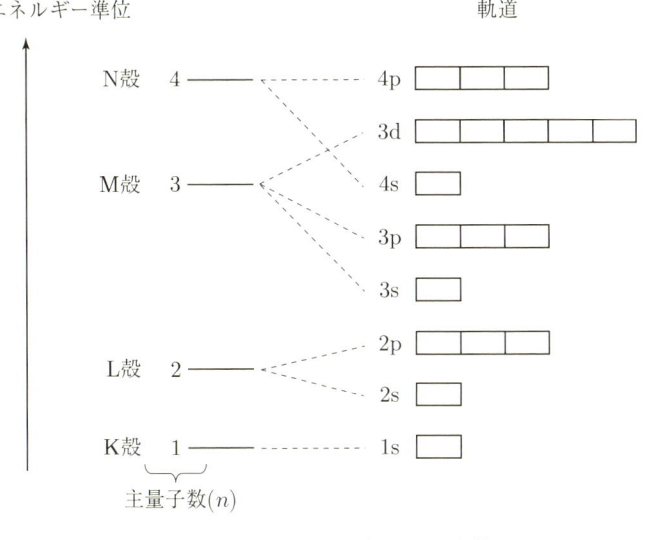

図 1.3 原子軌道のエネルギー準位

③ **磁気量子数** (m)　軌道面の向きを決める.
　$m = 0, \pm 1, \pm 2, \cdots, \pm l$ である. 例えば, p 軌道 ($l = 1$) では m の取り得る値は $-1, 0, 1$ の 3 つとなり, p 軌道には 3 種類の軌道 (p_x, p_y, p_z) がある.

④ **スピン量子数** (s)　電子スピンの向きを決める.
　$s = +\dfrac{1}{2}, -\dfrac{1}{2}$ である.

$n = 1$ のときは, $l = 0$ だけであるので, 軌道は 1 つ (1s 軌道のみ) となる. $n = 2$ では, $l = 0, 1$ となり, $l = 0$ のときが 2s 軌道である. また, $l = 1$ のときが 2p 軌道であり, m が取り得る値が 3 つあるので, 図 1.3 では 2p 軌道に 3 つのボックスが描いてある. なお, **1 つの軌道に入る電子の最大数は 2 個**である.

図 1.3 では, 縦軸にエネルギー準位がとってあり, 下の軌道ほどエネルギー的に安定となる. したがって, 最も安定なのが 1s 軌道であり, 次が 2s 軌道である. 2p 軌道には 3 種類あり, $2p_x, 2p_y, 2p_z$ 軌道とよばれている. これら 3 つの軌道はエネルギー準位が同じであり, このように異なった軌道ではあるがエネルギー準位が同じであることを縮重という.

1.1.3 電子のスピンとパウリの排他原理

軌道に電子を配置する際にはいくつかの規則がある.

（1）電子の収容順
　電子はエネルギー準位の低い軌道から順番に入る. 軌道のエネルギー準位は, 図 1.4 の矢印の順番に斜めに読んでいくと低い順に並ぶ. すなわち, 1s,

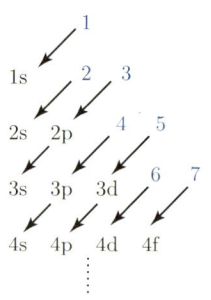

図1.4　電子の収容順

2s, 2p, 3s, 3p, 4s, 3d, 4p, ⋯ である．したがって，電子はこの順番に軌道に入っていく．

(2) フントの規則 (最多重率の原理)

エネルギー準位が同じ軌道に複数の電子を配置するとき，1つの軌道に2個の電子を配置するよりも，エネルギー準位が同じで空いている軌道があれば同じ電子スピンの向き (スピン平行) で異なる軌道に配置する方が安定である．

(3) パウリの排他原理

2個の電子は4つの量子数について，まったく同じ値をもつことができない．すなわち，同じ軌道に2個の電子を配置する場合は，スピンが互いに反対向きでなければならない．

炭素原子の電子配置について考えてみよう．炭素原子の電子は6個であるので，上記の規則に従って配置すると図1.5のようになる．パウリの排他原理より，1s軌道，2s軌道の電子はスピンが反対向きに配置されていて，2p軌道ではフントの規則により，異なった軌道にスピン平行で電子が配置されている．このように，電子がエネルギーの低い軌道から順番に配置されたときがエネルギー的に最も安定であり，基底状態という．

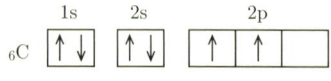

図1.5　炭素の電子配置

次に，クロム原子 $_{24}$Cr の場合について考えると，上述の規則どおりに電子を配置すると図1.6上段のようになる．しかし，4sと3d軌道のエネルギー差は小さく，4sの1個の電子を3d軌道の空いている軌道に移せば，6つの電子がすべて同じ電子スピンをもつため，スピン反発に伴うエネルギー的な不安定化を解消できる (図1.6下段)．したがって，$_{24}$Cr のようにd軌道やf軌道に電子が入る場合はこのような現象が起こることがある．

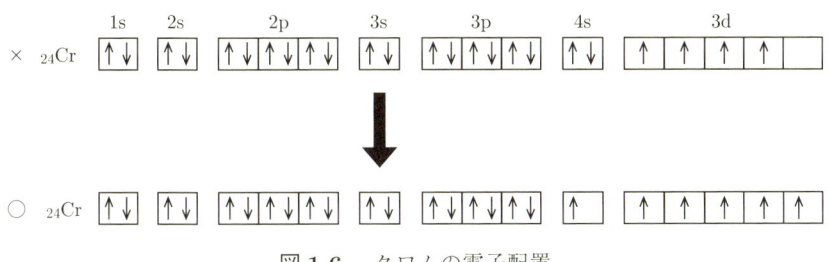

図 1.6　クロムの電子配置

1.1.4　元素の周期律とそれに基づく原子の性質

最外殻電子は不安定で最も外側にあるので，イオン化したり他の原子と相互作用する際に大きな影響を与える．元素を原子番号の小さいものから順に並べると，最外殻電子数が規則的に変化する．このことは，元素の性質も周期的に変化していることを意味していて，このような規則性を元素の周期律という．元素の周期律を利用して性質のよく似た元素が縦の同じ列に並ぶようにしたものを周期表といい，周期表の縦の列を族，横の列を周期という．類似した性質をもつ元素群をまとめると次のようになる．

① 典型元素　　周期表の 1 族, 2 族と 12 族から 18 族の元素で，すべての非金属と一部の金属から構成される．規則的に s 軌道，p 軌道に電子が順次埋まっていく元素群．

② 遷移元素　　周期表の 3 族から 11 族の元素で，すべて金属元素である．最外殻より内側の電子の軌道 (d 軌道または f 軌道) が途中まで埋まった電子配置をとり，典型元素の金属とは異なった化学的性質をもつ．

③ 希土類元素　　原子番号 57 番のランタン La から 71 番のルテチウム Lu までの 15 元素 (ランタノイド) に，21 番のスカンジウム Sc と 39 番のイットリウム Y を加えた 17 元素の総称．

④ 不活性ガス (希ガス)　　18 族の元素．s 軌道，p 軌道が完全に電子で満たされた状態 (閉殻構造) で最も安定である．

⑤ アルカリ金属　　水素を除く 1 族の元素．価電子として最外殻の s 軌道に 1 個の電子があるため，電子を放出し 1 価のカチオンになりやすい．また，単体では最外殻 s 軌道電子が自由電子として振る舞うため金属的な性質を示す．

⑥ ハロゲン　　17 族の元素．不活性ガスよりも p 軌道の電子が 1 個少ない構造で，電子を受け取り陰イオンになりやすい．

⑦ アルカリ土類金属　　2 族の元素のうち，ベリリウム Be とマグネシウム Mg 以外の元素．電子 2 個を放出して 2 価の陽イオンになりやすい (Be と Mg は他の元素よりも共有結合性が強いので，一般にはアルカリ土類金属に分類しない)．

⑧ **銅族元素**　11族の元素．d軌道の外側のs軌道に電子1個をもち，s軌道の電子が1個とれた後のd軌道が満たされた状態があまり安定でないため，第2の電子が比較的とれやすく，容易に2価イオンになる．

イオン化エネルギー (あるいは**イオン化ポテンシャル**) とは，原子，分子などから電子を取り去ってイオン化するのに要するエネルギーのことであり，ある原子あるいは分子などがその電子とどれだけ強く結び付いているのかの目安となる．アルカリ金属は電子を放出しやすく，イオン化エネルギーが小さい．イオン化エネルギーとは反対に，原子や分子に1個の電子を与えたときに放出されるエネルギーを**電子親和力**といい，電子受容の容易さの尺度となる．ハロゲンは，電子親和力の大きい元素群である．

分子内において異種の原子どうしが化学結合している場合，電子の分布状態に偏りが生じる．このことは，原子の種類により電子を引き付ける強さに違いが存在するためである．この電子を引き付ける強さの相対的な尺度のことを**電気陰性度**という．電気陰性度の大きい原子としては，F, O, N が特に大きいことが知られている．

例えば，水分子では，H に比べて O の電気陰性度が大きいため電子が O 原子の方に引き寄せられる．そのため，図 1.7 のように，H はわずかに正に荷電し，O はわずかに負に荷電している．

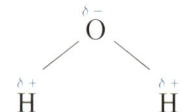

図 **1.7**　水分子の電荷の偏り

1.1.5　電子の波動性

高温黒体から放出される放射光の**スペクトル**は，黒体の温度が高くなると強度が強くなり，また波長が短くなることが知られていた．この現象を説明するために，1900年プランクは，不連続なある許された値のエネルギーだけが放射されるという考えを導入し，このエネルギーを「量子化されたエネルギー」とよんだ．プランクは，このエネルギーのかたまりを**量子**といい，エネルギー量子 E と振動数 ν の間には

$$E = h\nu \tag{1.2}$$

の関係があり，この比例定数 h を**プランク定数**という．

また，金属に光を照射すると電子が物質の表面から放出される現象があり，この現象を**光電効果**という (図 1.8)．1905年アインシュタインは，プランクのエネルギー量子の理論を拡張し，光は $h\nu$ なる値のエネルギー量子であると考

1.1 物質の構成

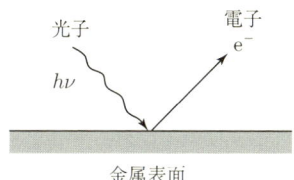

図 1.8 光電効果の図

え，この光のエネルギー量子を光量子あるいは光子とよび，光電効果を理論的に説明した．したがって，光は波の性質 (波動性) と粒子の性質 (粒子性) との 2 つの特性をもつことが確立され，このことを光の二重性という．

一方，水素原子の発光スペクトルをプリズムや回折格子で分光すると，不連続な線スペクトルを示す．リュードベリは水素原子のスペクトル線の振動数が次のような一般式

$$\frac{\nu}{c} = \frac{1}{\lambda} = R\left(\frac{1}{n_1{}^2} - \frac{1}{n_2{}^2}\right)$$
$$(n_1 > 0, \quad n_2 = n_1 + 1, n_1 + 2, \cdots) \quad (1.3)$$

で示されることを見出した．式 (1.3) をリュードベリ式といい，R はリュードベリ定数とよばれている．ここで，c は光の速さ，ν は振動数，λ は波長である．特に，n_1 の値が 1, 2, 3, 4, 5 のとき，それぞれライマン系列，バルマー系列，パッシェン系列，ブラケット系列，プント系列という．

1913 年，ボーアはプランクの考えに基づき，電子の軌道を円軌道と考え，電子が原子核のまわりを回る際，そのエネルギーは連続的に変化するのではなく，いくつかのとびとびの不連続のエネルギー値をもった軌道上を運動するとした．また，電子が 1 つの軌道から他の軌道に移るときに限って，光が放出または吸収されるとした．これに従うと，電子の角運動量の整数倍のところに軌道が存在していることになり，ボーアは $h/2\pi$ の整数倍の値のみを取り得ると考えた．

$$mvr = n\frac{h}{2\pi} \quad (1.4)$$

ここで，m は電子の質量，v は速度，r は半径，h はプランク定数を表す．

電子が円軌道上を運動しているならば，原子核に対する引力と遠心力が等しくなるので (図 1.9)

$$k\frac{e^2}{r^2} = \frac{mv^2}{r} \quad (1.5)$$

が成り立つ．ただし，$k = 1/4\pi\varepsilon_0$ である．式 (1.4) と式 (1.5) より半径 r を求め，軌道半径が最も小さい $n = 1$ のとき，つまり水素原子の半径は **0.529Å** となり，これをボーア半径という (1Å は 10^{-10}m)．

定数 k は $1/4\pi\varepsilon_0$ で表す．ここで，ε_0 は真空誘電率 8.854×10^{-12} C^2/N·m^2 である．

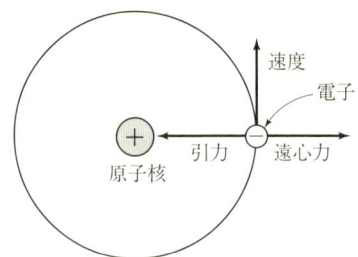

図 1.9 ボーアの水素原子モデル

水素原子の電子のもつ全エネルギーは，位置エネルギー e^2/r と運動エネルギー $(1/2)mv^2$ の和として与えられる．したがって，全エネルギーを E_n とすると

$$E_n = -\frac{2\pi^2 me^4}{n^2 h^2} \tag{1.6}$$

となり，この結果はリュードベリ式の値ともよく一致する．したがって，ボーアの原子モデルにより，水素原子の発光スペクトルが線スペクトルであることなど十分に説明することができた．

1924 年ド・ブロイは，電子にも光と同じように波動性があると考え，これを**物質波**(ド・ブロイ波)とよんだ．ド・ブロイは，プランクによる式 $E = h\nu$，アインシュタインの式 $E = mc^2$，光の波の式 $c = \lambda\nu$ を用い，かつ光の速度 c の代わりに粒子の速度 v を用いて

$$\lambda = \frac{h}{mv} \tag{1.7}$$

を得た．これにより，微粒子の波動性と粒子性の 2 つの性質を関連づけ，質量 m，速度 v で動く微粒子の流れを，波長が h/mv で表される物質波に関連させた．

ド・ブロイの物質波の考えをボーアの原子モデルに適用してみる．円軌道上の波が 1 周したとき，もとの波と完全に重ならなければ，波は干渉により消失してしまう．円軌道上の波が 1 周したとき，もとの波と完全に重なるとき波が維持され，これを**定常波**という．したがって，円の半径を r とすると，物質波の波長 λ が円周の整数倍のとき定常波を形成するので

$$2\pi r = n\lambda \quad (n = 1, 2, 3, \cdots) \tag{1.8}$$

式 (1.8) に式 (1.7) を代入すると

$$mvr = n\frac{h}{2\pi} \quad (n = 1, 2, 3, \cdots) \tag{1.9}$$

が得られ，これはボーアが示した量子条件である式 (1.4) に一致する．

このように，物質波という波動性の考えを導入することにより，ボーアの円運動をしながら，なおかつ定常であるという仮定を無理なく説明することが可能になった．

1.1.6 原子量，分子量，物質量

原子 1 個の質量は原子の種類によって違うが極めて小さいため，各原子の質量を比較し，その相対的な値で原子の質量を表す．これを原子量という．現在は，^{12}C 原子を基準として，^{12}C 原子 1 個の質量を 12 (単位はない無名数である) とし，他の原子はこれに対する相対質量として表す．元素に同位体が存在する場合は，核種が異なるそれぞれの同位体ごとに原子の質量が異なる．しかし，ほとんどの元素において同位体存在比は一定なので，原子量は存在比で補正された元素ごとの平均値として示される．

同位体: 同じ元素で，原子核中の中性子の数が異なる原子のこと．

例えば，炭素の場合 ^{12}C と ^{13}C の 2 つの同位体があり，それぞれの存在比は 98.90% と 1.10% で，^{13}C の相対質量は 13.003 なので，炭素の原子量は

$$12 \times \frac{98.90}{100} + 13.003 \times \frac{1.10}{100} = 12.011$$

となる．

分子の場合は，分子を構成している各原子の原子量の総和で相対的な質量を表し，分子量という．例えば

水の分子量 H_2O　　18

メタノールの分子量 CH_3OH　　32

となる．なお，金属結合性固体，イオン結合性固体のように分子が存在しない化合物では，組成式で示される原子量の総和で相対質量を表す．これを化学式量，あるいは式量といい，分子量と同じように用いる．例えば

塩化ナトリウム NaCl の式量　　58.5

となる．

化学では，原子量や分子量などの他に，物質量の基本単位として mol (モル) が用いられる．これは，物質を構成している原子や分子などの質量が非常に小さく扱いにくいためで，これらの構成粒子を多数まとめて扱うときの単位と考えるとわかりやすい．原子や分子などは，原子量や分子量に g (グラム) 単位をつけた質量中に 6.02×10^{23} 個の原子，分子が含まれている．この数値をアボガドロ定数という．この 6.02×10^{23} 個の原子，分子などの集団を物質量の単位とし，これを 1 mol という．つまり，物質 1 mol は 6.02×10^{23} 個の構成粒子からなり，その質量は，原子量，分子量などに g をつけたものに等しい．例えば，水 1 mol の質量は，約 18 g となる．

1.2 化学結合と分子間力

本節では，まず，強い引力による原子と原子の結び付きである化学結合について学ぶ．次に，分子間で働く弱い力であるファンデルワールス力について学ぶ．同じく代表的な分子間力である水素結合については，化学結合とファンデルワールス力の間に位置する中間的な力として取扱いを分けることにする．最後に，上述の分類の枠には属さない疎水性相互作用について説明する．

1.2.1 化学結合 —— イオン結合，共有結合，配位結合，金属結合

原子と原子は化学結合 (chemical bond) により結び付き，化合物をつくる．化学結合は，イオン結合 (ionic bond)，共有結合 (covalent bond)，金属結合 (metalic bond) に分類することができる (図 1.10)．配位結合 (coordinate bond) は共有結合に含まれる．

実際には，図 1.10 のように，はっきりした境界があるわけではない．この点については，(5) 化学結合のまとめに記述する．

図 1.10　3 種類の結合からなる化学結合

（1）イオン結合

イオン結合により形成されるイオン化合物は，陽イオン (カチオン; cation) と陰イオン (アニオン; anion) との間に働く，静電的相互作用により結合している．ここでは，フッ化リチウム LiF を例として説明する．リチウム原子 Li は最外殻電子 1 個を失い，ヘリウム原子 He と同じ，安定な希ガスの電子配置になる (図 1.11)．この状態を閉殻構造という．

$$\text{Li} \longrightarrow \text{Li}^+ + \text{e}^-$$
$$(1s)^2(2s)^1 \qquad\quad (1s)^2$$

図 1.11　リチウム原子のイオン化と電子配置
電子配置の記載方法は，軌道名を括弧でくくり，右肩に電子の個数を書く．括弧を省略する場合もある．

オクテット則
(octet rule)

一方，フッ素原子 F は放出された電子 1 個を最外殻で受け取り，安定な希ガスであるネオン原子 Ne と同様の閉殻構造になる (図 1.12)．この状態を最外殻に 8 つの電子が入っているので「オクテットが完成した」ともいう．

1.2 化学結合と分子間力

$$F + e^- \longrightarrow F^-$$
$$[\text{He}]\ (2s)^2(2p)^5 \qquad [\text{He}]\ (2s)^2(2p)^6$$

図 1.12 フッ素原子のイオン化と電子配置
[He] をヘリウム殻という．原子番号が大きくなると，すべての電子の配置を書くことが大変なので，一部が希ガスの電子配置と同じであることを示して省略すればよい．その他に，[Ne] ネオン殻，[Ar] アルゴン殻，[Kr] クリプトン殻，[Xe] キセノン殻，[Rn] ラドン殻が使用される．

ここで，反応前のリチウムの最外殻電子を○，フッ素の最外殻電子を×とし，イオン化の様子をルイス式を用いて，図 1.13 のように表すこともできる．

$$\text{Li}° + {}^{\times}_{\times}\!\overset{\times}{\underset{\times}{\text{F}}}\!{}^{\times} \longrightarrow [\text{Li}]^+ + \left[{}^{\times °}_{\times}\!\overset{\times}{\underset{\times}{\text{F}}}\!{}^{\times}\right]^-$$

G. N. Lewis に因み，電子式をルイス式あるいはルイス構造式という．

図 1.13 フッ素イオンとリチウムイオンの生成
曲線についた矢印は電子 1 個の移動を表す（⤴ 矢印の先端形状に注意）．また，フッ素イオンの中に○と×の 2 種類の電子が混在するが，移動後の電子に区別があるわけではない．

イオン化された 2 種類の原子はクーロン力 (Coulomb force) といわれる静電的な引力により引き合う．クーロン力 F は

$$F = k\frac{q_1 q_2}{r^2} \tag{1.10}$$

で表される．ただし，k は定数，q_1, q_2 は電荷，r は電荷間の距離である．

クーロン力には方向性がないので，異符号の複数のイオンどうしが四方八方，あらゆる方向のイオンを引き付ける．そして，格子エネルギー (lattice energy) とよばれるエネルギーの放出とともに，安定化してフッ化リチウム LiF の立体的な結晶となる．これをイオン結晶 (ionic crystal) という．そのエネルギーは力と距離の積で表され，格子エネルギー U は

$$U = Fr = k\frac{q_1 q_2}{r} \tag{1.11}$$

となる．式 (1.11) より，イオン結合の強さはカチオン (陽イオン) とアニオン (陰イオン) の価数の積が大きいほど大きく，アニオン-カチオン間の距離が小さいほど大きくなることがわかる．

発見者 Charles-Augustin Coulomb に因む (b はサイレント文字)．

定数 k は $1/4\pi\varepsilon_0$ で表す．ここで，ε_0 は真空誘電率 8.854×10^{-12} $\text{C}^2/\text{N·m}^2$ である．

フッ化リチウム LiF の単独の分子は存在しない．LiF は分子式ではなく組成式であり，原子量の和は分子量ではなく式量という．

(2) 共有結合

共有結合とは，原子どうしが不対電子を共有し合って，電子対を形成して結合するものである．時には，電子対結合 (electron-pair bond) ということもある．ここでは，例として塩素分子 (塩素ガス) Cl_2 の生成を考えてみる．塩素原子 Cl の電子配置は図 1.14 のように表される．

Cl

[Ne] $(3s)^2(3p)^5$

図 1.14　塩素原子の電子配置

もし，2 個の塩素原子が，不対電子を共有して電子対を形成すると，それぞれアルゴン Ar と同じ安定した閉殻構造となり（[Ne]$(3s)^2(3p)^6$），オクテットが完成する．

これを反応前の一方の塩素原子の最外殻電子を×，もう一方の最外殻電子を○としてルイス式で表すと，図 1.15 のように表すこともできる．

図 1.15　塩素原子どうしの不対電子の共有
塩素分子の中に○と×の電子が混在するが，2 種類の電子があるわけではない．共有結合ができあがると，電子がどちら側からきたかを区別することはできない．

1 対の電子からなる共有結合を**単結合** (single bond)，2 対以上の共有結合を**多重結合** (multiple bond) という．特に，2 対，3 対の電子からなる共有結合をそれぞれ**二重結合** (double bond)，**三重結合** (triple bond) という．

G. N. Lewis

図 1.15 のような表現方法は，ルイスの理論に基づいて考えられているが，電子の共有の実態については説明がされていない．最も理解しやすくシンプルな説明方法として，**原子価結合法** (valence-bond theory: **VB 法**) とよばれる理論がある．VB 法では電子 1 個のもつ**原子軌道** (orbital) が，別の電子 1 個をもつ原子軌道と**重なり合う** (overlap) ことで，結合が生じると考える．このとき，生じる電子対の電子のスピンの向きは，必ず互いに逆向きである (図 1.16)．

電子のスピンとパウリの排他原理 (1.1.3 項参照)．

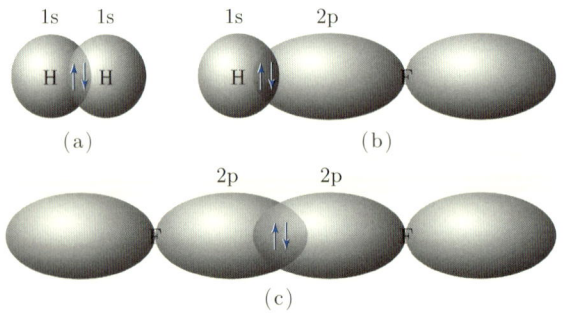

「混成軌道」を調べてみよう．

図 1.16　原子軌道の重なりによる共有結合の生成
(a) 水素分子，(b) フッ化水素分子，(c) フッ素分子である．σ 結合とよばれる原子の核と核を結ぶ軸上に結合が存在している．その他に，多重結合にかかわる π 結合とよばれる結合もある．

分子軌道法

VB 法に対し，より分子を実直に理解する方法として，分子軌道法 (molecular orbital theory: MO 法) があることを，将来の学習のために覚えておこう．この理論では，結合性分子軌道や反結合性分子軌道という，分子全体の新たな軌道を考える．この理論を取り入れることにより，分子の形やその性質を実態に即して考えることができる．

（3） 配位結合

配位結合は，配位共有結合 (coordinate covalent bond) ともよばれ，共有結合の一種である．共有結合が両方の原子から電子が提供されるのに対し，配位結合の場合，一方の原子からのみ電子対が供給され，他方の原子は空の軌道を提供する．電子対を与える粒子 (原子，分子，イオン) を電子対供与体 (electron-pair donor) といい，これはルイス塩基 (Lewis base) である．逆に，電子対を受け取る粒子は電子対受容体 (electron-pair acceptor) といい，これはルイス酸 (Lewis acid) である．

酸と塩基の定義 (3.2.1 項参照).

ホウ素原子 B は最外殻電子を 3 個しかもたないので，フッ素原子 F との化合物は空の軌道をもつ．三フッ化ホウ素 BF_3 とアンモニア NH_3 との化合物として三フッ化ホウ素化アンモニウム NH_3BF_3 が知られている (図 1.17)．窒素原子 N がホウ素原子に共有する電子対を提供し，ホウ素原子まわりのオクテットが完成する．

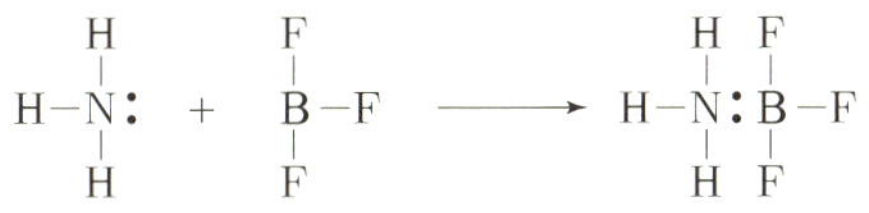

図 1.17 アンモニア分子の三フッ化ホウ素分子との配位結合

この分子の構造式を，電子対供与体から電子対受容体への矢印で表し，図 1.18(a) のように表される場合がある．しかし，いったん結合がつくられると，電子対が「どちらかに属している」ということが言えないので，通常の共有結合と配位結合に差はない．すなわち，矢印は結合前の電子対の由来を表しているにすぎない．したがって，図 1.18(b) のように書かれる場合も多い．

図 1.18 三フッ化ホウ素化アンモニウムの構造式
→は電子対の供与される方向を示す．矢印の長さと矢印の先端形状に注意する．

(4) 金属結合

金属結合では，金属原子から放出された価電子は特定のイオンに拘束されず，無数の原子と原子の間に存在している．この状態を「電子が非局在化している」という．金属結合を最も簡単にイメージするためには，ある点に固定された陽イオン間の反発を，動き回る電子の海が打ち消して，結果としてまとまっている様子を想像するとよい (図 1.19)．この電子は自由に動き回れるので，ある特定の金属イオンに属しているわけではない．これを自由電子 (free electron) とよぶ．このイメージにより，金属のいくつかの特徴的な性質を定性的に理解することができる．

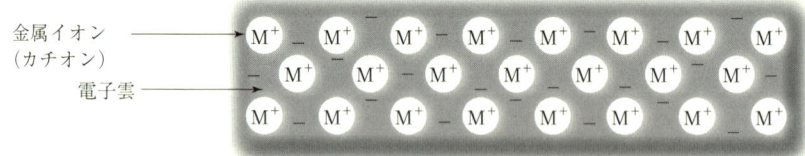

図 1.19　金属結合の結合イメージ

① 展性・延性と結合力

固体金属は，叩いて広げたり (展性)，引っ張って伸ばすこと (延性) ができる．これは金属結合に方向性がないうえに，自由電子によって全体が1つにまとまっているからである (図 1.19)．一般的な傾向として金属結合は，1イオンあたりの自由電子の数が多いものほど強い．したがって，金属原子が多くの価電子を出せば出すほど，その結合力は大きくなる．例えば，第3周期の金属元素の融解する温度 (融点) や蒸発する温度 (沸点) を比較すると，原子番号の増加とともに，その温度が高くなることがわかる (表 1.1)．

表 1.1　第3周期の金属元素の融点と沸点

	ナトリウム Na	マグネシウム Mg	アルミニウム Al
価電子の個数	1	2	3
融解 (K)	371	923	933
蒸発 (K)	1163	1393	2767

また，1イオンあたりの自由電子の数が同じであれば，金属原子の半径が小さいものほど，その結合力は強くなる．例えば，1族 (アルカリ金属) に属する元素リチウム Li，ナトリウム Na，カリウム K の融解する温度や蒸発する温度を比較すると，金属結合半径の増加とともに，その温度が低くなることがわかる (表 1.2)．

1.2 化学結合と分子間力

表 1.2 3種類のアルカリ金属元素の金属結合半径と結合力

	リチウム Li	ナトリウム Na	カリウム K
金属結合半径 (nm)	0.152	0.186	0.231
融解 (K)	454	371	337
蒸発 (K)	1590	1163	1027

② 電気伝導度と熱伝導度

金属は自由電子をもつので，固体のままで電気をよく通す．これを「電気伝導度 が大きい」と表現する．金属の温度を上昇させると，金属イオンの振動が大きくなり，自由電子との衝突回数が多くなり，電気を通しにくくなる．また，自由電子が運動エネルギーを素早く伝えるので，熱をよく伝える．これを「熱伝導度が大きい」と表現する．

> イオン結晶は融解しないと電気を通さない．

③ 金属光沢

金属中の自由電子は，照射した光を吸収し，その光を再放射するので，金属光沢 をもつ．ほとんどの金属は銀色であるが，金や銅は可視光の特定の波長の光をより多く吸収するので，金は黄色，銅は赤色を帯びる．

(5) 化学結合のまとめ

① 元素の陽性と陰性

これまでに化学結合に分類される，3種類の結合について述べてきた．ここでは「化学結合の種類がいかに決まっているのか？」について周期表を使って考えてみる．周期表をみると (付録参照)，金属元素と非金属元素に分かれている．金属元素と金属元素の結合は金属結合である．逆に，非金属元素と非金属元素の結合は共有結合である．そして，金属元素と非金属元素の結合はイオン結合となる．それでは，金属元素とはどのような元素であろうか．金属元素とは，金属光沢をもつ，イオン化エネルギー (ionization energy) や電子親和力 (electron affinity) が小さい，つまり電気陰性度 (electronegativity) が小さくて陽イオンになりやすい陽性の元素である．したがって，その傾向は周期表の左下ほど陽性が強く金属性も強い．非金属元素とは，電子親和力やイオン化エネルギーが大きい，つまり電気陰性度が大きくて陰イオンになりやすい陰性の元素である．したがって，その傾向は希ガスを除き，周期表の右上ほど陰性が強く非金属性も強い．

> 本質的にはその位置に原子が置かれたとき，どの状態が最も安定であるか？エネルギーが低いか？により結合の種類が決まる．

> 電気陰性度 (1.1.4 項参照).

よって，次のような言い方もできる．金属結合とは，陽性の強い元素どうしの結合で，共有結合とは，陰性の強い元素どうし結合である．また，イオン結合とは，陽性の強い元素と陰性の強い元素の結合といえる．以上の単純化した傾向の組み合わせをまとめると表 1.3 になる．

表 1.3　2種類の元素の組み合わせによる3種類の化学結合の生成

	金属元素–陽性が強い ● 電気陰性度が小さい ● 周期表の左下方向で傾向が強い	非金属元素–陰性が強い ● 電気陰性度が大きい ● 周期表の右上方向で傾向が強い
非金属元素–陰性が強い	イオン結合	共有結合
金属元素–陽性が強い	金属結合	

② イオン結合性と共有結合性

「化合物は 3 種類の結合に完全に分類されるのであろうか？」 実際は 3 つの結合の中間的な状態も可能であり，ここでは，共有結合とイオン結合の中間的な結合状態について述べる．

等核二原子分子という．

同じ原子 2 個が共有結合した分子の場合，共有結合で結合した原子間に，電気陰性度の差はないので，完全な共有結合である．しかし，2 種類の原子間に，電気陰性度の差がある場合には，電気陰性度の大きい原子に電子は引き寄せられる．結果として，電気陰性度の大きい原子は電子が富み $\delta-$ の電荷をもち，電気陰性度の小さい原子は電子が不足し $\delta+$ の電荷をもつ．このような分子を極性分子とよび，その結合を極性結合 (polar bond)，あるいは極性共有結合 (polar covalent bond) ともいう．

分子の極性と双極子モーメント (1.2.2 項参照)．

ファヤンスの規則 (Fajans' rules) という．

イオン結合の中にも共有結合的な性質がある．(i) 小さな陽イオンが大きな電荷をもつとき，対する陰イオンの電子雲をひずませやすい．また，(ii) 大きな陰イオンが大きな電荷をもつとき，陰イオン自身の電子雲がひずみやすい．下線 (i) でも下線 (ii) でもないイオン結合ではその効果は少なく，完全なイオン結合に近い (図 1.20(a))．逆に，下線 (i) と下線 (ii) の両方の条件を満たすようなイオン結合では，さらにその効果は大きくなる (図 1.20(b))．

厳密には，共有結合性がまったくない完全なイオン結合は存在しない．

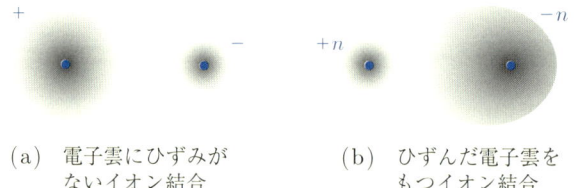

(a) 電子雲にひずみがないイオン結合　　(b) ひずんだ電子雲をもつイオン結合

図 1.20　イオン結合における電子雲のひずみ
● は原子核を表す．

共有結合とは図 1.16 の σ 結合からも想像ができるように，原子核間に生じる．イオン結合がひずみ，カチオンとアニオンとの間の電子密度が高くなると，共有結合的な性質を示す．

以上の中間的な結合を表現するために，イオン結合性，共有結合性という用語が用いられる．まとめると図 1.21 のようになる．

1.2 化学結合と分子間力

図 1.21　共有結合性とイオン結合性

電気陰性度の差

2種類の原子が結合するとき，原子の電気陰性度の差が「イオン結合性が大きいのか，あるいは共有結合性が大きいのか？」を判断する手助けになる．電気陰性度に差がなければ完全な共有結合である．ポーリングの電気陰性度の差が 1.7 より大きい場合，その化合物はイオン結合性が大きいと予想することができ，逆に小さい場合，共有結合性が大きいと予想することができる．例えば，塩化ナトリウム NaCl であれば，その差 $\Delta\chi$ は

$$\Delta\chi = 3.0 - 0.9 = 2.1$$

となり，イオン結合性がかなり大きい化合物であると予想される．

Linus Pauling

電気陰性度の差が約 1.7 で，イオン結合性と共有結合性が等しい．

ギリシャ文字 χ（カイ）

あくまでも 1 つの目安にすぎず，厳密さにとらわれる必要はない．

1.2.2 ファンデルワールス力

代表的な分子間力には，ファンデルワールス力や水素結合 (1.2.3 項参照)，さらには分子の一部がイオン化したプラスとマイナスのペアの結合 (塩橋) などがある．ファンデルワールス力を理解するためには，双極子の理解が必要である．したがって，まずは分子の極性と双極子モーメントの話から始める．

（1）分子の極性と双極子モーメント

前述の化学結合のまとめで，電気陰性度の異なる原子間では，極性結合とよばれるイオン結合と，共有結合の中間の性質をもった結合で結ばれ，電気陰性度の大きい原子は電子が富み $\delta-$ の電荷をもち，小さい原子は電子が不足し $\delta+$ の電荷をもつことを学んだ．例えば，塩化水素分子 HCl であれば，水素原子 H のポーリングの電気陰性度の値は 2.2，塩素原子 Cl の値は 3.0 であるので，その差は 0.8 であり塩素の方が大きい．したがって，電子は塩素原子に引き付けられる．よって，図 1.22 のように書き表される．

$$\overset{\delta+}{\text{H}} - \overset{\delta-}{\text{Cl}}$$

図 1.22　電荷の偏りによる双極子の生成

日本語で双という．左右のペアの屏風を一双，二双と数える．

このとき，プラスとマイナスの絶対値が同じ大きさで，電荷がペアとなった極性の端ができるので，これを**双極子** (dipole) という．後で説明される誘導的な双極子や，瞬間的な双極子との対比を強調する場合，もともと，もっている一定で変化しない双極子を**永久双極子** (permanent dipole) ともいう．特に，原子と原子の化学結合間の双極子を**結合双極子** (bond dipole) という．双極子はプラスからマイナスへの矢印で表す．また，プラス側は，はっきりと正であることがわかるように，図 1.23 のように＋字に似せて表記する．

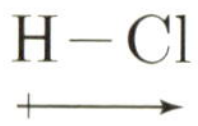

$$\text{H} - \text{Cl} \longrightarrow$$

図 1.23 双極子の表記方法
マイナス側からプラス側に矢印を書くときもある．どちらもよく使われる．しかし，マイナスからプラス側へ矢印を書く場合には，決して＋字を入れてはいけない．

双極子は矢印で表されることから，方向と大きさをもつベクトルである．そのベクトル量は**双極子モーメント** (dipole moment) という．双極子モーメントをスカラー量 μ で表すと，双極子の両端の電荷 Q と電荷間の距離 r との積

$$\mu = Qr \tag{1.12}$$

で表される．

D (デバイ) は，物理学者 P. J. W. Debye に因む．人名に由来する単位なので小文字で書いてはいけない．

双極子モーメントの大きさは実測することが可能であり，D (デバイ) とよばれる単位で表されることが多い．例えば，塩化水素分子 HCl の双極子モーメントの大きさは実測値で 1.11 D である．ここで

$$1 \, (\text{D}) = 3.336 \times 10^{-30} \, (\text{C} \cdot \text{m})$$

である．

仮に，塩化水素が完全なイオン結合であるとみなすと，電子 1 個分の電荷が塩素原子 Cl に移動し，同じ量の陽子 1 個分の電荷を水素原子 H がもつことになる．電子 1 個の電荷は 1.60×10^{-19} C，塩化水素分子の原子核間の距離は 1.27×10^{-10} m (1.27Å) であることがわかっているので，その双極子モーメント μ_{calc} の大きさは式 (1.12) に代入することにより

Å はスウェーデンの文字，オングストロームと読む．

$$\mu_{\text{calc}} = Qr = 1.60 \times 10^{-19} \times 1.27 \times 10^{-10} \, (\text{C} \cdot \text{m})$$
$$= \frac{2.032 \times 10^{-29}}{3.336 \times 10^{-30}} \, (\text{D}) = 6.09 \, (\text{D})$$

と計算される．しかし，実測値 μ_{obs} が 1.11 D なので，イオン結合性は

$$\frac{\mu_{\text{obs}}}{\mu_{\text{calc}}} = \frac{1.11 \, (\text{D})}{6.09 \, (\text{D})} = 0.182 \, (18.2\%)$$

と計算することができ，そして，その共有結合性は

$$1 - 0.182 = 0.818 \ (81.8\%)$$

となる．したがって，塩化水素分子の塩素原子は，約 0.2 個相当の電子を過剰にもつために負電荷を帯びる．一方，水素原子は約 0.2 個相当の電子が不足するために正電荷を帯びる．

3 原子以上の多原子分子の場合，分子全体の双極子モーメントは，それぞれの結合双極子に由来する双極子モーメントのベクトル和である (図 1.24)．例えば，水分子 H_2O の場合，水素原子 H と酸素原子 O の電気陰性度を比較すると，酸素原子の方が大きいので，図 1.24(a) の結合双極子が生じる．したがって，図 1.24(b) で示されるそれぞれの結合の双極子モーメントをもち，水分子全体の双極子モーメントは各双極子モーメントのベクトル和となる (図 1.24(c))．

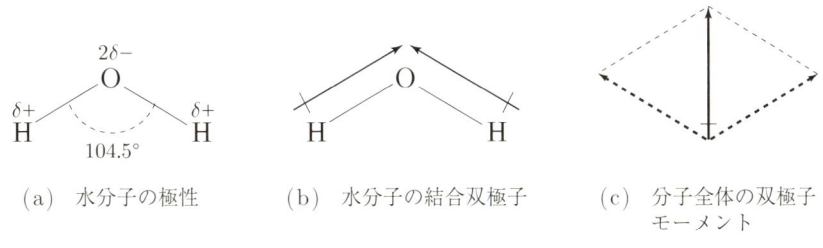

(a) 水分子の極性　　(b) 水分子の結合双極子　　(c) 分子全体の双極子モーメント

図 1.24　水分子の双極子モーメント

温室効果ガスの一種である二酸化炭素分子 CO_2 は，炭素原子 C より酸素原子 O の方が電気陰性度が大きい．したがって，図 1.25(a) で示される結合双極子をもつが，直線形の分子であるので，双極子モーメントどうしが相殺されて，分子全体の双極子モーメントは消失する．同様の理由により，炭素原子を中心とする，正四面体形である四塩化炭素分子 CCl_4 も，塩素原子 Cl と炭素原子 C の間にはそれぞれ結合双極子が存在するが，分子全体の双極子モーメントはない (図 1.25(b))．このように，分子全体の双極子モーメントをもたない分子を無極性分子という．

単原子分子，等核二原子分子も無極性分子．

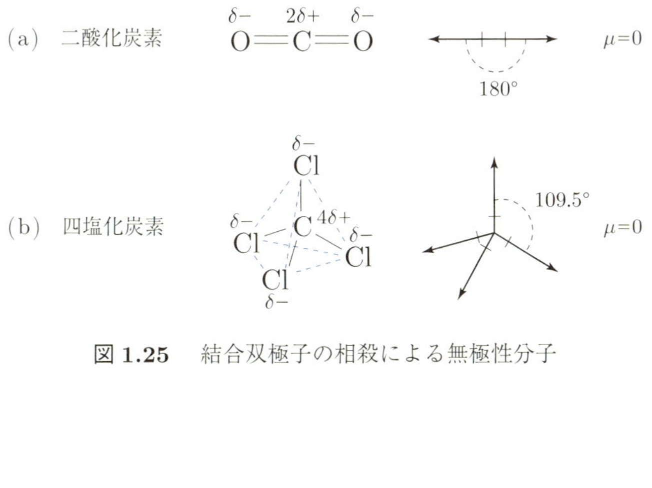

(a) 二酸化炭素　　$\overset{\delta-}{O}=\overset{2\delta+}{C}=\overset{\delta-}{O}$　　$\mu=0$，180°

(b) 四塩化炭素　　CCl_4　　109.5°，$\mu=0$

図 1.25　結合双極子の相殺による無極性分子

（2）ファンデルワールス力とは —— 双極子間の相互作用

ファンデルワールス力とは，一般に中性分子 (無極性分子) 間に働く相互作用の総称である．ファンデルワールス力は弱い力なので，その力の存在は分子が集まって，液体や固体を形成するような凝集時に現れる．その大きさは化学結合 (イオン結合，共有結合，金属結合) とは桁違いに小さい．ファンデルワールス力には図 1.26 に示される 3 種類の力 (相互作用) が関与している．

> 中性分子は単原子分子を含む．イオン，多原子イオンや不対電子をもつラジカル分子は含まれない．

> ファンデルワールス力については表 1.8 参照．

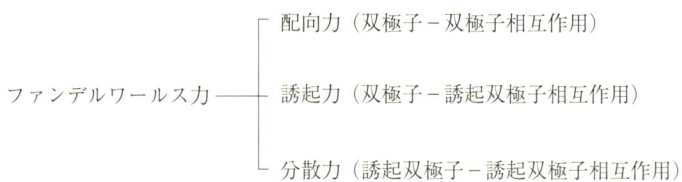

図 1.26　ファンデルワールス力を構成する 3 種類の力

① 配向力 —— 双極子-双極子相互作用

双極子-双極子相互作用の働きにより生じる分子間力を配向力という．双極子-双極子相互作用とは，双極子をもつ分子どうしの相互作用である．後で説明される瞬間的な双極子や，誘導的な双極子との区別が強調されるときには，永久双極子-永久双極子相互作用ともいう．例として，塩化水素分子 HCl について，その相互作用が働いている様子を図 1.27 に表す．

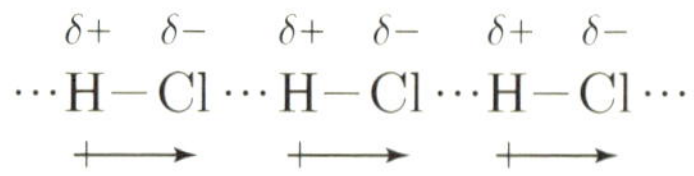

> 配向力はエネルギーの値で表される．

$$\cdots \overset{\delta+}{\text{H}}-\overset{\delta-}{\text{Cl}} \cdots \overset{\delta+}{\text{H}}-\overset{\delta-}{\text{Cl}} \cdots \overset{\delta+}{\text{H}}-\overset{\delta-}{\text{Cl}} \cdots$$

図 1.27　配向力による塩化水素分子の配置
双極子が一列に整列したとき最も安定する．直線形の例を示したが，二原子分子の場合を除いて，すべての原子が直線上に並ぶとは少ない．

双極子どうしの相互作用であるから，その分子のもつ双極子モーメントの大きさが大きくなれば，相互作用の大きさがより大きくなり，その効果が分子の沸点や融点に現れる．表 1.4 のように，分子量が 41〜47 の範囲にあるいくつかの有機化合物を比較したとき，双極子モーメントの大きさが大きくなるに従って，その融点や沸点が上がる傾向がわかる．

表 1.4　いくつかの有機分子の双極子モーメントと融点・沸点の比較

有機化合物	示性式	分子量	双極子モーメント (D)	融点 (K)	沸点 (K)
プロパン	$CH_3CH_2CH_3$	44.1	0.08	85.5	231
ジメチルエーテル	CH_3OCH_3	46.1	1.90	132	248
アセトアルデヒド	CH_3CHO	44.1	2.75	155	293
アセトニトリル	CH_3CN	41.1	3.93	228	355

② 誘起力 —— 双極子−誘起双極子相互作用

分子の中には永久双極子をもたない無極性分子がある．また，希ガスのような単原子分子も永久双極子をもたない．このような分子でも永久双極子をもつ分子に近づくと，分子の電子雲に非対称な分布が誘導される（図 1.28）．外部の電場による電子雲の歪みの生成や増大を分極といい，この電子雲に引き寄せられることにより生じる電子の非対称性の生成が，誘起双極子に対応する．永久双極子と誘起双極子は互いに引き合い，双極子−誘起双極子相互作用が働く．その分子間力を誘起力という．

原子核のプラス電荷の重心と電子のマイナス電荷の重心のずれ．次の③誘起双極子−誘起双極子相互作用にも同様の原理が働く．

誘起力はエネルギーの値で表される．

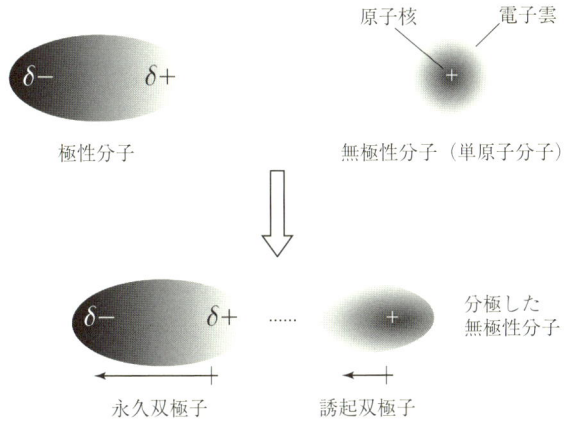

図 1.28　誘起力の生成イメージ

双極子−誘起双極子相互作用は気体や液体の溶解にみることができる．物質は引き合う力がなければ混ざり合うことはできない．例えば，極性分子の代表である水分子には，水素 H_2，酸素 O_2，窒素 N_2 などの多くの無極性分子が溶けている．これらの気体分子は極性分子である水により，気体分子に誘起双極子が生じて溶けるのである．また，極性分子であるアセトン C_3H_6O（図 1.29）に，無極性分子である四塩化炭素 CCl_4（図 1.25(b)）が混ざり合うのも同様に，この相互作用の働きである．

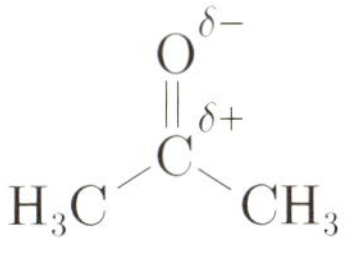

図 1.29　アセトン（C_3H_6O）分子のもつ双極子

③ 分散力 —— 誘起双極子−誘起双極子相互作用

水素 H_2，酸素 O_2，メタン CH_4，希ガス（He, Ne, Ar, …）などの無極性分子は，常温で気体であるが，冷却すると液体となる．室温で液体である臭素 Br_2 や四塩化炭素 CCl_4 もまた無極性分子である．分子と分子は何らかの引き合う力がないと，凝集することができないことは明らかである．仮に，ある瞬間，

「電子分布のゆらぎ」という.

H^+ はプロトン (proton) ともいう.

イオンの場合, クーロン力の方が強すぎて比較にならないくらい誘起双極子–誘起双極子相互作用は小さい (表 1.8 参照).

分散力はエネルギーの値で表される.

分散と聞くと, コロイド粒子の溶媒への分散 (2.3.4 項参照) を連想して, 誤って分子が分かれるイメージをもちやすい. 分散力とは引き合う力である.

上記のような分子全体の永久双極子をもたない分子の時間を, 止めることができたとする. このとき偶然, 複数の電子の重心と複数の原子核の重心が一致するより, 大なり小なり偏りがあるのが普通である (図 1.30(a)). この偏りにより原子核のプラス電荷の重心と, マイナス電荷の重心のずれにより双極子が生じる. これを瞬間双極子という. 前述の双極子–誘起双極子相互作用と同様に, 双極子が存在すれば隣接する分子に誘起双極子を生成させることができる. さらに, できた誘起双極子はもとの分子を分極し, 引き合う (図 1.30(b)). これを誘起双極子–誘起双極子相互作用という. 例として, ここでは簡単化のために無極性分子を使って説明したが, いかなる粒子も (水素イオン H^+ を除く, 極性分子やイオンさえも) 必ず電子雲をもつので, 誘起双極子–誘起双極子相互作用が働かない粒子はない.

誘起双極子–誘起双極子相互作用による分子間力を分散力 (dispersion force) といい, その存在 (時間の平均をとっても引き合う力は消えないこと (図 1.30(c))) を明らかにしたロンドン (Fritz London) に因んで, ロンドン力 (London force) またはロンドン分散力 (London dispersion force) という.

ここで, 分散力の大きさについて考える. 誘起双極子は分子内の電子が動かされやすい, つまり分極しやすいほど, そのモーメントの大きさが大きくなる. この分極のしやすさは電子の数, 電子が束縛されている強さ, そして分子の形によっても変わる. 単原子分子 (希ガス) の物理的性質から考えてみると, 形が同じであるなら, 分子量が大きいほど電子が多く, 電子雲が原子核から

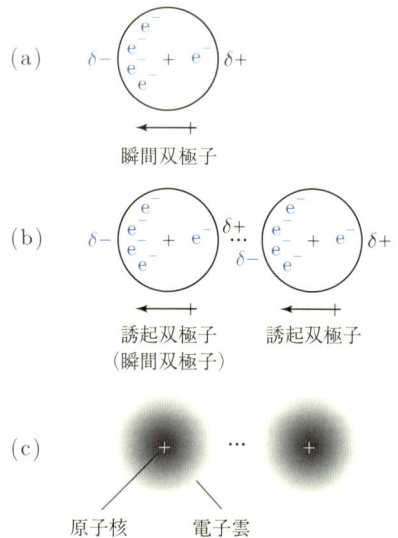

図 1.30 ロンドン分散力の生成イメージ
(a) 一方の無極性分子 (単原子分子) のある瞬間, (b) 両方の無極性分子のある瞬間, (c) 時間平均をとってもその力は残る.

1.2 化学結合と分子間力

表 1.5 3種類の希ガスの融点と沸点

希ガスの種類	電子の数	最外殻	融点 (K)	沸点 (K)
ネオン Ne	10	L	24.6	27.1
アルゴン Ar	18	M	83.9	87.3
クリプトン Kr	36	N	116	120

ヘリウム He は加圧しないと固体にならない.

遠ざかるので，分極しやすくなり誘起双極子間の引き合いが強くなり，その効果が融点や沸点の上昇として現れる (表 1.5)．

アルカンの物理的性質からもそのことがわかる (図 1.31)．直鎖状のアルカンは分子量が大きければ大きいほど，相互作用しあう電子の数が増え，分散力は大きくなり，沸点が上がる (図 1.32)．

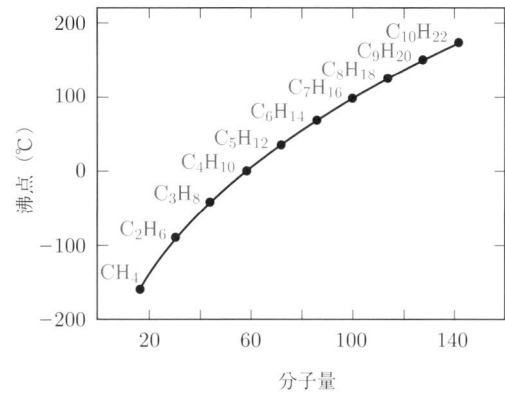

図 1.31 直鎖状アルカンの分子量と沸点のグラフ

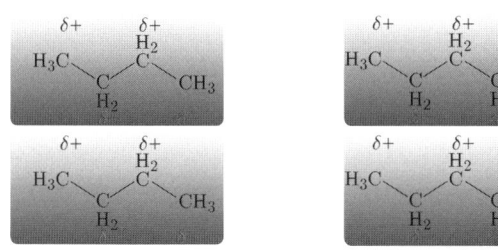

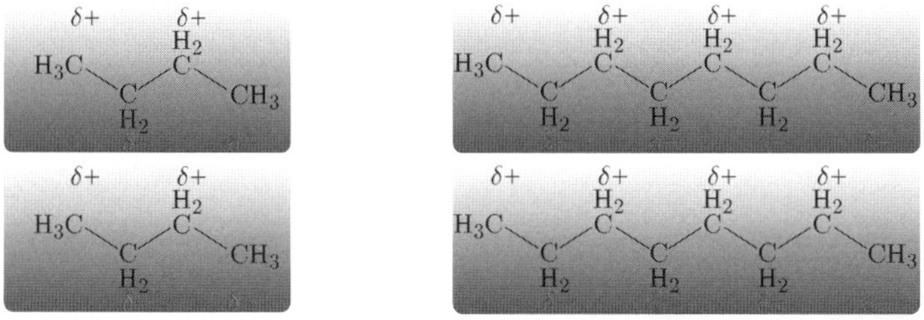

図 1.32 長い鎖状アルカンほど分散力がより大きい

分散力の大きさは，分子の形によっても大きな影響を受ける．枝分かれが多いほど，誘起 (分極) しにくくなる．同じ分子量の構造異性体を比較すると，その傾向がわかる (表 1.6)．分散力はその分子の極近傍にしかその力が働かないため，対称性がよく，分子どうしの接触面積が小さいほど，分散力は小さくなり，その結果として沸点が低くなる (図 1.33)．おおよそではあるが，2-メチルブタンどうしの接触の程度はペンタンと 2,2-ジメチルプロパンの間にあるので，沸点もその間の値となる．

(3) ファンデルワールス力のまとめを参照.

表 1.6　構造異性体における沸点の違い

構造	H₃C-CH₂-CH₂-CH₂-CH₃	H₃C-CH(CH₃)-CH₂-CH₃	H₃C-C(CH₃)₂-CH₃
化合物名	ペンタン	2-メチルブタン	2,2-ジメチルプロパン
沸点 (°C)	36.1	27.8	9.5

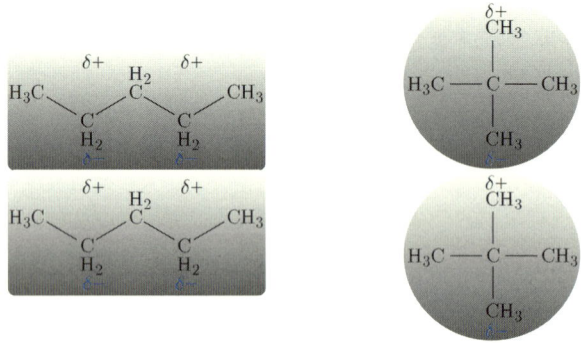

図 1.33　直鎖状アルカンは分枝状アルカンより分散力が大きい

　以上，分散力の大きさとその分子の大きさや形状との関係について述べた．大切なことは，誘起のされやすさであり分極のしやすさである．誘起力と同様に，誘起される分子の電子の数，電子が束縛されている強さ，分子の形が関係している．そして，分極のしやすさは分極率 (polarizability) とよばれる値で正確に表すことができる．

（3）ファンデルワールス力のまとめ

　ファンデルワールス力のその根源は，プラス電荷とマイナス電荷が引き合う静電的な力である．ファンデルワールス力は3種類の力からなり (図1.26)，加算的な力でもある．前に述べたように，電子をもつ，いかなる粒子も分散力は必ず働く．さらに，極性分子には分散力に配向力と誘起力が加わる (表1.7)．

　一般に，3種類の力が加わる場合には，分散力 (誘起双極子–誘起双極子–相互作用) が最も大きい．

表 1.7　無極性分子と極性分子のファンデルワールス力

	配向力	誘起力	分散力
アルゴン Ar	×	×	○
メタン CH₄	×	×	○
塩化水素 HCl	○	○	○
クロロメタン CH₃Cl	○	○	○
水 H₂O	○	○	○

双極子間の距離を r とすると，相互作用している双極子の対を分離するためのエネルギーは配向力，誘起力，分散力について，すべて r^6 に反比例することが理論的にわかっている．クーロンエネルギーが距離 r に反比例するのに対し (イオン結合に対応する式 (1.11))，ファンデルワールス力は，分子のごく近傍でしかその相互作用を示さないことがわかる．

> 配向力については，分子が自由に回転する液体や気体中では r^6 に反比例するが，回転しないとき，多くの場合，固体 (結晶) 中では r^3 に反比例する．

1.2.3 水素結合

酸素 O，フッ素 F，窒素 N などのような電気陰性度が大きい原子 (原子 X とする) と水素原子 H が共有結合すると，電気陰性度が大きい原子 (原子 Y とする) との間で，図 1.34 の破線で示される引き合う力が発生する．

$$\overset{\delta-}{\text{X}}\text{—}\overset{\delta+}{\text{H}}\cdots\overset{\delta-}{\text{Y}}$$

図 1.34　水素結合

このような水素原子を間に挟んだ結合を水素結合 (hydrogen bond) という．その原子 X と原子 Y の距離は 2.2〜4.0 Å の範囲にあり，多くの場合，水素結合 H----Y の原子核間の距離は共有結合 X–H の原子核間の距離より長い．代表的な水素結合をつくる原子の並びを図 1.35 に示す．

> 多重結合やベンゼンなどの π 結合の電子と相互作用した O–H----π などもある．

C—H⋯N	N—H⋯N	O—H⋯N	F—H⋯F	S—H⋯N
C—H⋯O	N—H⋯O	O—H⋯O		S—H⋯O
	N—H⋯F	O—H⋯F		S—H⋯S
	N—H⋯S	O—H⋯S		
	N—H⋯Cl	O—H⋯Cl		
	N—H⋯Br	O—H⋯Br		

図 1.35　水素結合における原子の並び

水素結合の特徴は，方向性があり，その相互作用の大きさが予期されるより大きいことである．また，水素結合は原子 Y がもつ非共有電子対を介して，水素原子を原子 X と共有するような形で生じる．例えば，水分子 H_2O の酸素原子 O はある一定方向に張り出している 2 組の非共有電子対をもち，隣りの水分子の水素原子と引き合う．氷中では，すべての水分子が水素結合をしていて，その方向は酸素原子を中心とした正四面体形の頂点方向である (図 1.36)．また，∠XHY は 180°(直線) に近いほど，その結合力は大きく，安定である．したがって，水素結合には一定の方向性が生じる．

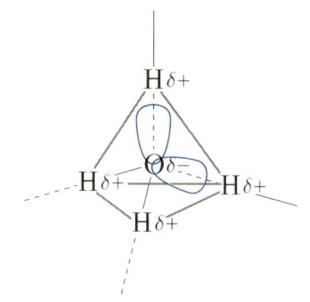

図 1.36 氷中の水素結合モデル

水素結合する分子は，分子全体に双極子モーメントをもつ極性分子である．したがって，配向力，誘起力，分散力が働く．ところが，平均的なファンデルワールス力の値が数 kJ/mol 程度の弱い力であるのに対し，水素結合は平均的には数 10 kJ/mol，時には 100 kJ/mol を超えるかなり大きな力である．

なぜ，このように結合エネルギーが予期されるより大きくなるのだろうか．2 つの理由をあげることができる．1 つは静電的な引力の効果である．電気陰性度の大きい原子 X と，元素の中で最も小さい水素原子 H が共有結合すると，原子 X の方へ共有電子対が引き付けられ（図 1.37(a) の①），水素原子は原子核が剥き出しの状態に近づく．このため，水素原子核のプラス電荷を遮り，他の原子の電子雲を退け反発力を生じさせる殻がなくなるので，結果として負電荷を有する原子 Y との間に強い静電的な引力が働き，さらに原子 Y を近くに引き付けることになるのである．もう 1 つの理由として，水素原子と原子 Y との間に共有結合性が生じると考えることもできる．理解のために図 1.37(b) の共鳴構造 (resonance structure) を考える．

図 1.37(a) で示されるように，電気陰性度が大きい原子 X の方へ共有電子対が移動すると (①)，水素原子は原子核のみのプロトン (H^+) になる．すると隣接する原子 Y の非共有電子対を強く引き付け (②)，水素と共有する形となり結合をつくる（図 1.37(b)）．これを「原子 Y から水素への電荷移動 (charge transfer)」という．もともと水素原子が結合した原子 X を水素供与体 (hydrogen donor)，残る共有結合が生じる原子 Y を水素受容体 (hydrogen acceptor) ということもある．これらの寄与の程度は，分子の種類により様々

図 1.37 水素結合での電子対の移動
両矢印 ⟷ は共鳴を意味する．曲線の矢印は電子対の動きを示している（⤴ 矢印の先端形状に注意，電子 1 個ではない）．

1.2 化学結合と分子間力

であるが，静電的な引力の効果と電荷移動による共有結合の生成を考えることより，水素結合の力の大きさを説明することができる．

分子内で水素結合をつくることもでき，これを<u>分子内水素結合</u>という．例えば，サリチルアルデヒドや o-クロロフェノールの場合，図 1.38 のように，分子内で水素結合を形成する．このような分子は通常の分子間の水素結合 (対比を強調して<u>分子間水素結合</u>ともいう) をつくりにくい．したがって，たとえ水素結合をつくりやすい基をもっていたとしても，<u>分子間水素結合</u>を形成する分子で予想されるような「融点や沸点が高くなる」ことはない．

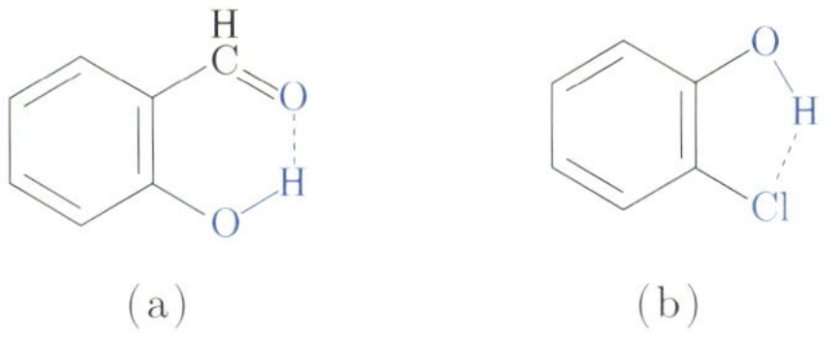

図 1.38 サリチルアルデヒド (a) と o-クロロフェノール (b) の分子内水素結合

生体分子は水素結合の宝庫である．例えば，染色体 DNA (deoxyribonucleic acid; デオキシリボ核酸) は，<u>リン酸ジエステル結合</u>で連結された長い<u>ポリヌクレオチド</u>の 2 本の鎖が相補的に<u>二重らせん</u>を形成した分子である．水素結合は，共有結合ほど強くなく，ファンデルワールス力ほど弱くもない．二重ら

ポリヌクレオチド鎖という．

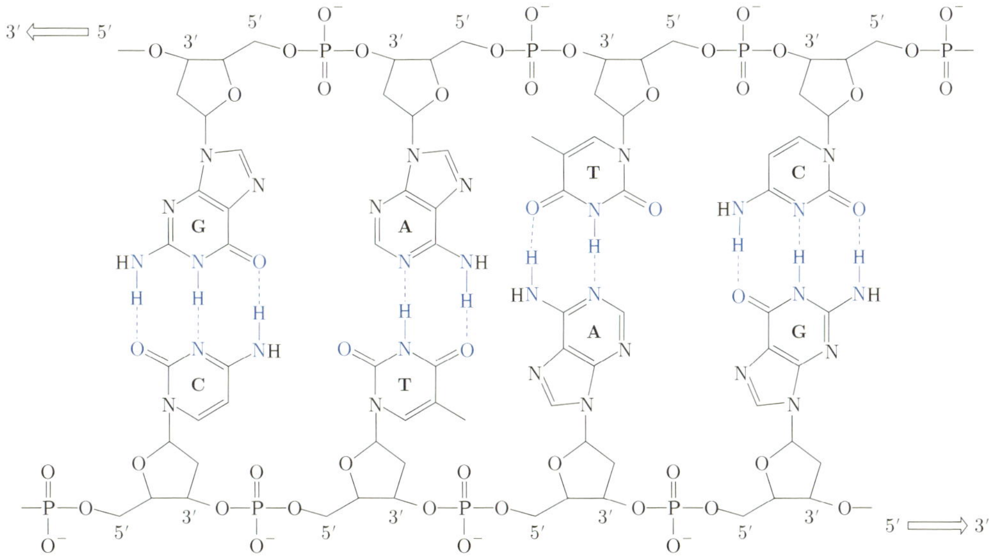

図 1.39 DNA の水素結合で形成される塩基対
実際には右巻きのらせん構造である．白抜きの矢印はデオキシリボース部の 5′ から 3′ の方向を示す．二重らせんの 2 本のポリヌクレオチド鎖は逆平行 (逆向き) である．

せんがほどけて複製されるにはちょうどよい結合である．**アデニン** (adenine; A と略記) と**チミン** (thymine; T と略記) は **2 つの水素結合**で対をつくり，**シトシン** (cytosine; C と略記) と**グアニン** (guanine; G と略記) は **3 つの水素結合**で対をつくる (図 1.39)．

また，タンパク質が立体的な構造をつくるうえでも水素結合は大きな役割を果たす．タンパク質分子は，アミノ酸どうしが脱水縮合した**ペプチド結合** (−CO−NH−) を多数もつ，**ポリペプチド**である．このとき，アミノ酸の配列順序をタンパク質の**一次構造**という．あるペプチド結合の N−H 基と別のペプチド結合の C=O 基の間で水素結合をつくり，タンパク質の特徴的な繰り返し構造をつくることがある．これをタンパク質の**二次構造**という．例えば，**ポリペプチド鎖**は末端のアミノ基−NH$_2$ 側からカルボキシル基−COOH 側にその構造式が書かれるが，あるアミノ酸残基の−CO− 部分が 4 つ先のアミノ酸残基の−NH− 部分と連続的に水素結合をつくり (図 1.40)，**α ヘリックス** (α helix) とよばれる，らせん構造をとる (図 1.41)．これはまた分子内水素結合の例でもある．

また，2 本以上のポリペプチド鎖が平行に存在すると，図 1.42 のように，互いの N−H 基と C=O 基が水素結合をつくり，シート状の構造を形成することができる．この構造を **β シート** (β sheet) という．

タンパク質は α ヘリックスや β シートなどの規則的な繰り返し構造が組み合わされて，全体の立体構造が形成されている．このような構造をタンパク質の**三次構造**という．

> タンパク質を構成するポリペプチドは概して長く，鎖のような形なのでポリペプチド鎖という．

> ポリペプチドを構成するアミノ酸を**アミノ酸残基**という．

> 三次構造を形成したポリペプチド鎖がさらに複数集合して，高次の構造をとることがある．これをタンパク質の**四次構造**という．一次構造から四次構造まで合わせて**タンパク質の階層構造**という．

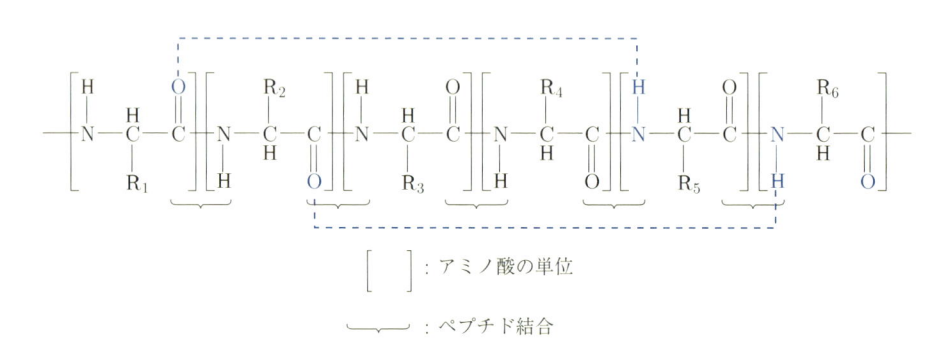

図 1.40 α ヘリックスを形成する水素結合
ポリペプチド鎖は主鎖とよばれる繰り返し部分と，側鎖とよばれるバリエーションが多い部分からなる (R$_1$〜R$_6$, 図 1.42 参照)．図では 2 か所の水素結合のみを表し，他の水素結合を省略した．実際には，α ヘリックス構造をとる範囲のペプチド結合上のほとんどの水素原子と酸素原子の間で水素結合を形成する．図では見かけ上，水素結合がずいぶん長くみえるが，実際は空間的には短い．

1.2 化学結合と分子間力

図 1.41 α ヘリックス
天然のタンパク質の α ヘリックスは右巻き．1 アミノ酸残基あたり 100° らせんが回転するので 1 周 3.6 アミノ酸残基である．

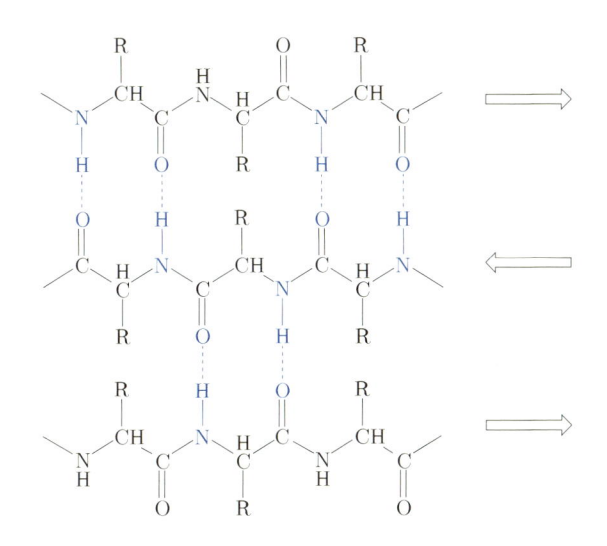

図 1.42 β シートを形成する水素結合
白抜き矢印はポリペプチド鎖のアミノ基側からカルボキシル基側への方向を示す．ここでは，逆平行 β シートの例をあげた．この他に，矢印が同じ向きの平行 β シートがある．側鎖 (R) が衝突しそうだが実際には紙面の上，あるいは下に突き出している．

ここで，代表的な分子間力であるファンデルワールス力と水素結合についてまとめ，表 1.8 に示す．

表 1.8 ファンデルワールス力と水素結合

相互作用と結合の種類	ポテンシャルエネルギーの距離 r の依存性	方向性	大きさ (目安) (kJ/mol)
ファンデルワールス力			
双極子–双極子	r^6 に反比例 (自由回転) r^3 に反比例 (静止)	無 有	4～40
双極子–誘起双極子	r^6 に反比例	無	4～20
誘起双極子–誘起双極子	r^6 に反比例	無	4～20
水素結合	2.2～4.0 Å [*1]	有	2～160
イオン結合 [*2]	r に反比例	無	40～380

*1: X–H ---- Y の X–Y 原子間の距離，*2: 比較対象として加えた．　［山内ら (2012)］

1.2.4 疎水性相互作用

水中では疎水性の分子や疎水基が集合しようとする．あたかも，その疎水性分子どうし，あるいは疎水基どうしの間に引力が働いているかのようにみえる．確かに，集合した後の疎水性分子や疎水基の間には，すでに学んだファンデルワールス力などが働くが，そもそもその集合させようとする力とは何であろうか．

（1） 疎水性相互作用とは

図 1.36 参照．

<u>疎水性</u> (hydrophobicity) のもとの意味は「水を嫌う」という言葉である．ここでは，疎水性分子の代表として，水にほとんど溶けないヘキサン C_6H_{14} を用いて考える．水分子は，まわりの多く (3〜4 個) の水分子どうしと水素結合をしている．

水素結合は弱い結合であるので液体では熱運動により，たやすく周囲の水分子と置き換わることができる (図 1.43; ○自由に入れ替わる水分子)．ヘキサン 2 分子が 1 分子ずつ水に入り込んだとする (図 1.43(a))．実際，ヘキサンは水に不溶といえども，極微量溶ける (0.0013g/100ml)．ヘキサンの周囲の水分子はヘキサン分子を取り囲む水素結合を形成し，**かご状構造**をとる (図 1.43; ●束縛されている水分子)．このかご状構造をとる水分子は，数が減少したある決まった周囲の水分子としか水素結合ができない．したがって，「簡単には置き換わることができず秩序正しく束縛されている」と言える．

ここで，ヘキサン 2 分子が集合した状態を考える (図 1.43(b))．2 分子のヘキサンが会合した場合，図 1.43(a) と比較して，会合面の束縛されている水分子を自由な水分子として解放させることができる．よって，**エントロピーを増大**させることができる．したがって，ヘキサン 2 分子を水中に放置すれば自動的に集合するのである．

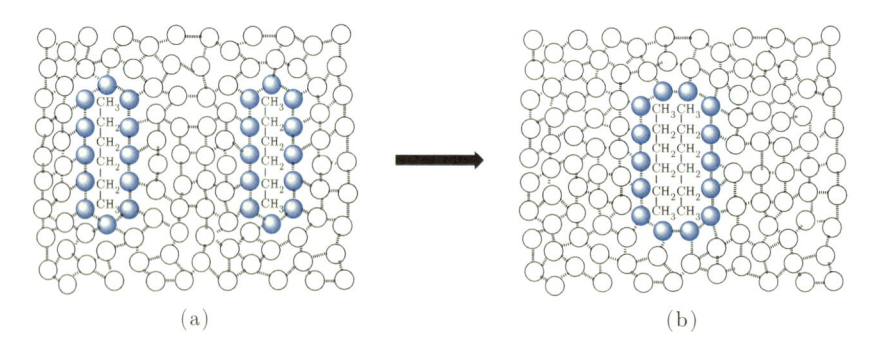

図 1.43 疎水性相互作用とエントロピーの変化
○：自由に入れ替わる水分子
●：束縛されている水分子

1.2 化学結合と分子間力

> **熱力学第 2 法則**
>
> 熱力学第 2 法則 (エントロピー増大の法則) について簡単に説明する．
>
> 秩序だった状態はいつかは乱雑な状態に変化する (図 1.44)．例えば，玄関に並べられた靴はいつかはばらばらになる．講義開始時には並べられた椅子に整然と座っていた学生諸君も，講義終了とともに散っていく．自然界では秩序だった状態から乱雑さが増大する方向に進む．この乱雑さの程度をエントロピーという．
>
> 図 1.44 整然から乱雑へ
>
> エントロピーの大小は確率で判断する．そうなる確率が大きい方がエントロピーが大きく，確率が小さい方がエントロピーが小さい．
>
> 熱力学第 2 法則とは，この世の変化はエントロピーが増大する方向に進むという法則である．言い換えると，乱雑さが増大する方向に進むのである．

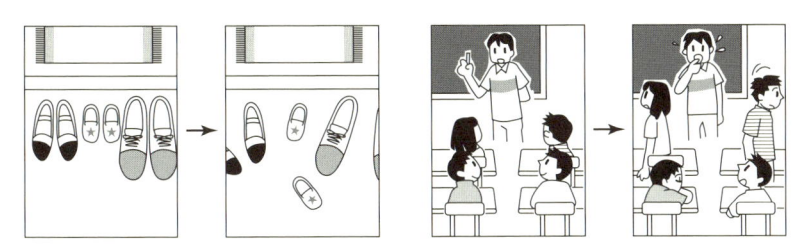

Ludwig Boltzmann によるエントロピーの定義 (ボルツマンの原理).

実際，疎水性相互作用 (hydrophobic interaction) の原動力は，このような束縛されている水分子の自由に入れ替わる水分子への解放によるエントロピーの増大 (乱雑さの増大) なのである．

> **疎水効果**
>
> 疎水性相互作用は溶媒として水がなければ，その効果がない．2 つの分子や 2 つの基が会合するのは互いに好きなのではなく，それらが両方とも水に嫌われているからである．よって，疎水効果 (hydrophobic effect) という場合も多い．
>
> 疎水性相互作用はエントロピーの増大がその駆動力となり，結果としてファンデルワールス力をはじめとするその他の力が働く．したがって，疎水性相互作用とは，これまで述べてきた他の力とは別のカテゴリーの概念である．

（2） 疎水性相互作用の例

セッケンは，疎水性の炭化水素部分 (疎水基) と親水性のイオン部分 (親水基) からできている (図 1.45(a))．セッケンを水に溶かすと，生じた脂肪酸イオンが集合し，疎水基が水を嫌い内側に，親水基を外側にしたコロイド粒子をつくる (図 1.45(b))．これをミセル (micelle) という．このミセル構造の形成過程に疎水性相互作用が働いている．また，セッケンのミセルは油状の汚れをその内部に集める (図 1.45(c))．これもまた疎水性相互作用の働きである．

両親媒性物質
(2.3.2 項参照).

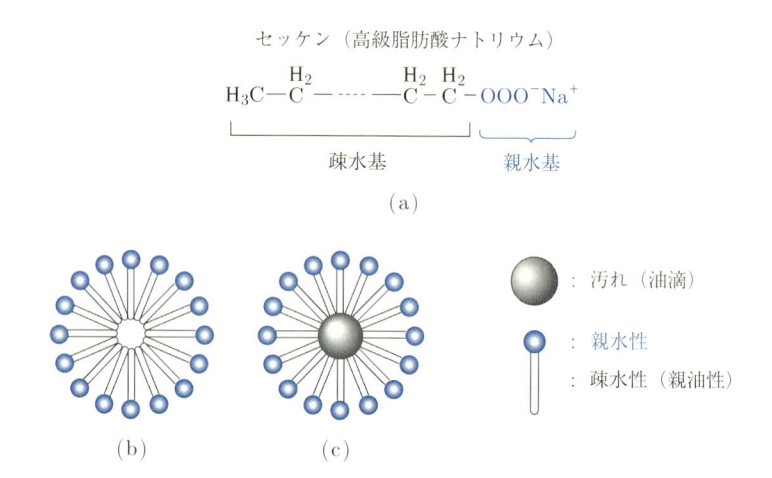

セッケン（高級脂肪酸ナトリウム）

$$H_3C-\underset{H_2}{C}-\cdots-\underset{H_2}{C}-\underset{H_2}{C}-OOO^-Na^+$$

疎水基　　親水基

(a)

(b)　(c)

：汚れ（油滴）

：親水性
：疎水性（親油性）

図 1.45 セッケンのミセル形成と洗浄のしくみ
親水基を青色で示す．ここでは平面に描かれているが，実際にはミセルは球状の構造である．

このような疎水性相互作用は，生体内においても重要な働きがある．

生体膜の形成にも疎水性相互作用が働いている．炭化水素鎖を 2 本もつ脂質は，細胞や細胞小器官の膜成分である．ここでは，高等生物の細胞膜に存在する，ホスファチジルコリンを使って細胞膜の形成を説明する (図 1.46)．

ホスファチジルコリンは，セッケンと同じように，親水基と疎水基からできている．したがって，疎水性相互作用の働きにより疎水基が集合する．しかし，セッケンのようなミセル構造をとることができない．なぜならば，2 本の炭化水素鎖がミセル内部に収まるには大きすぎるからである．そこで，1 つのホスファチジルコリンを円筒状の分子構造と考えると，集合したとき平面の層状の構造になる (図 1.46(b))．これでも疎水基が水分子と触れるため，もう 1 層が逆向きに集合すれば，水分子から疎水基が遮断されることになる (図 1.46(c))．できあがった平面の 2 層の構造を脂質二重層 (lipid bilayer) という．さらに，側面の疎水基どうしが集合すれば，炭化水素部分は水分子から完全に遮断され，全体は球状の構造となる．このようにして，細胞は内部に外部から遮断された水空間をもつ構造になることができる (図 1.46(d))．

演習問題

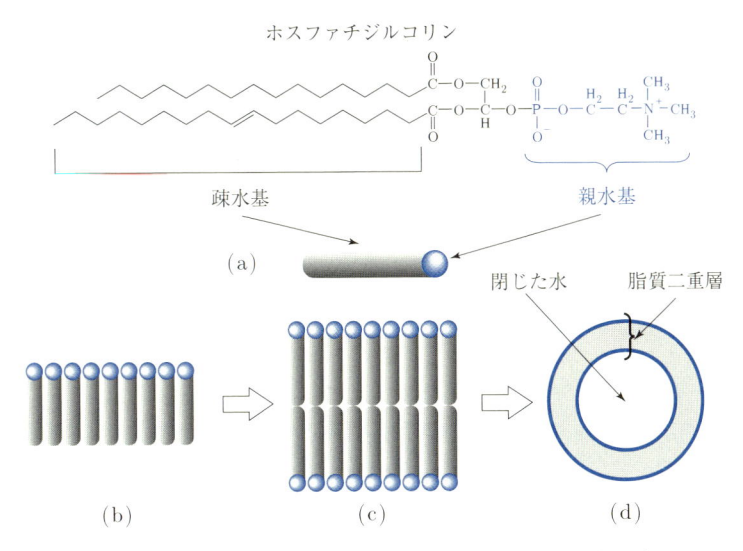

図 1.46　ホスファチジルコリンの構造式と脂質二重層の形成過程
親水基を青色で示す．

■ 参考文献
山内脩・鈴木晋一郎・櫻井武,「朝倉化学大系 12. 生物無機化学」, 朝倉書店 (2012)

■ 演習問題
1.1 次の記述について，正誤を答えなさい．
(1) 原子の質量のほとんどは陽子の質量である．
(2) ダイヤモンドは有機化合物である．
(3) 2 個の電子において，4 つの量子数 (n, l, m, s) がまったく同じ値をもつことはない．これをパウリの排他原理という．
(4) フントの規則とは，電子をエネルギー準位の低い軌道から順番に入れるという法則である．
(5) アルカリ金属は陽イオンになりやすい．
(6) 典型元素とは，周期表の 3 族から 11 族の元素のことである．
(7) 電磁波のエネルギー E は，振動数 ν の関数で，$E = h\nu$ と表される．
(8) ボーア半径は 0.0529 nm である．
(9) 光は粒子性と波動性をもっていて，これを光の二重性という．
(10) 二酸化炭素 1 mol の質量は，約 44 g である．

1.2 次の記述について，正誤を答えなさい．
(1) 二酸化炭素の分子が温室効果ガスとして働くのは，分子の構造が折れ曲がった直線形であるためである．
(2) ⤴ この矢印は電子対の移動を表す．
(3) カチオンとは陰イオンのことである．
(4) クーロン力とは点電荷間の距離の 2 乗に反比例する，引力あるいは反発力である．

(5) 電子対供与体と電子対受容体との結合を配位結合という．
(6) 配位結合における電子対受容体はルイス塩基である．
(7) 陽性が強い元素と陰性が強い元素の結合は共有結合である．
(8) 共有結合と金属結合の間にある中間的な結合を極性結合という．
(9) σ結合とは核と核を結ぶ軸上に電子密度がある結合である．
(10) 一般に固体金属は金属原子の半径が大きいほど，その結合力は強くなる．

1.3 次の記述について，正誤を答えなさい．
(1) 2つの原子が共有結合した分子に電気陰性度の差がある場合，電気陰性度の大きい原子が正電荷をもつ．
(2) 双極子モーメントを書く場合，矢印はマイナス側からプラス側に向かって書く．
(3) 双極子モーメントのスカラー量は電荷間の距離に反比例する．
(4) 双極子モーメントの大きさを表す単位はD (デバイ) である．
(5) 四塩化炭素は炭素と塩素原子間に結合双極子を有するため，分子全体で双極子モーメントをもつ．
(6) すべての無極性分子は結合双極子をもつが，分子全体の双極子モーメントがないだけである．
(7) 希ガスのファンデルワールス力を比較したとき，分子量が大きいほど，その大きさは大きくなる．
(8) 同じ分子量のペンタンと2-メチルブタンを比較したとき，ロンドン力はペンタンの方が大きい．
(9) 正の多原子イオンと負の多原子イオンの間には，誘起双極子−誘起双極子相互作用は働かない．
(10) 誘起力，分散力のポテンシャルエネルギーは距離の6乗に比例する．

1.4 次の記述について，正誤を答えなさい．
(1) 水素結合しているX−H----Yの結合角，∠XHYは120°が最も安定である．
(2) タンパク質が一次構造を形成するためには，アミノ酸どうしが水素結合しなければならない．
(3) 水素結合が分子内で形成される場合がある．
(4) ⇄ この矢印は共鳴の関係にあることを表す．
(5) ⤴ この矢印は電子1個の移動を表す．
(6) DNAが二重らせんをつくるとき，アデニンとチミンは3か所で水素結合を形成する．
(7) αヘリックスをつくる水素結合は分子間水素結合である．
(8) 水素結合とイオン結合の結合力を比較したとき，水素結合の方がより大きい．
(9) βターンとは水素結合でポリペプチド間が結ばれたシート状の構造である．
(10) αヘリックスやβシートなどの水素結合の繰り返し構造をタンパク質の四次構造という．

1.5 次の記述について，正誤を答えなさい．
(1) エンタルピーとは乱雑さのことである．
(2) 疎水性分子を取り囲むように水分子どうしが水素結合により結び付いた構造を水分子のかご状構造という．
(3) 疎水性分子の周囲を取り囲むように水素結合した水分子とそれ以外の水分子のエントロピーを比較したとき，疎水性分子を取り囲む水分子の方が大きい．

(4) セッケンのミセルは親水基を内側，疎水基を外側に向けた球状構造をしている．
(5) 疎水性相互作用は疎水効果ともよばれる．
(6) 水中における疎水性分子の集合現象は熱力学第三法則に基づく，疎水性分子表面の水分子が排除される効果が原動力である．
(7) 疎水性相互作用にはエントロピーの増大が大きく寄与している．
(8) ヨウ素分子が気相中で昇華性を示すのは，疎水性相互作用の働きである．
(9) 生体膜における脂質二重層の形成には疎水性相互作用が関与している．
(10) ホスファチジルコリンが単純なミセル構造をとることができないのは，炭化水素鎖を3本有するためである．

2

物質の状態

　物質は，周囲の条件によって様々な状態 (固体，液体，気体) をとる．また，同じ条件であっても物質によってその状態は異なる．本章では，まず物質がとる状態とその変化を理解し，気体の性質を利用して熱エネルギーについて学習する．最後に，薬学領域において特に重要な溶液の性質を理解するとともに，「溶ける」という現象を通じて，物質の性質とそれに関する様々な相互作用を体系づけて学ぶ．

2.1 物質の三態

　一般に，物質は温度や圧力などにより，固体，液体，気体のいずれかの状態をとる．この 3 つの状態を物質の三態といい，温度や圧力の変化により，物質はこの三態間で状態変化を起こす．この変化は，物質の構成粒子 (原子，分子，イオンなど) の集合状態が変化しているだけなので，条件をもとに戻すと，必ずもとに戻る．例えば，水は常温・常圧では液体であるが，0°C 以下に冷却すると固体 (氷) に，一方，100°C 以上に加熱すると気体 (水蒸気) になる．逆に，氷に熱を加えると水になり，水蒸気を冷却しても水になる．ここでは，物質の状態変化とそれぞれの状態における物質の性質について説明する．

2.1.1 物質の三態

　ニュートンは，リンゴの木からリンゴが落ちるのを見て，万有引力を発見したと言われている．引力は，リンゴと地球の間だけでなく，太陽と地球，あるいは，月と地球の間にも働いていて，これにより，地球は太陽のまわりを，月は地球のまわりを回ることができる．このような引力は，図 2.1 のように，物質を構成している微細な粒子の間にも働いていて，粒子どうしを引き付ける作用をしている[*1]．また，粒子は不規則に熱運動をしていて，この運動は粒子をばらばらにする作用をしている．一般に，温度が高くなると熱運動は大きくなるのに対して，引力は粒子間の距離が小さいほど大きくなり，温度の影響はほ

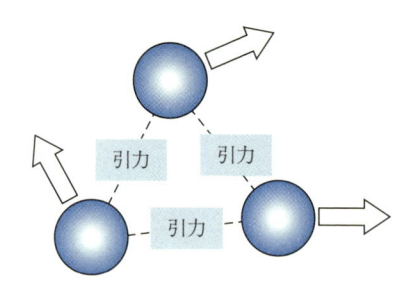

図 2.1 粒子に働く引力と熱運動

とんど受けない．このため，低温では粒子間の引力の影響が大きいが，高温になると熱運動が激しくなるため，物質の状態変化が起こると考えられている．

　固体は，粒子間に働く引力の方が熱運動よりも大きい状態であり，粒子はほぼ一定の位置にとどまっている．図 2.2 のように，多くの固体物質は，粒子が規則正しく周期的に配列した構造 (結晶構造) をとっている．固体を加熱していくと，流動性をもつ液体になる．固体の多くは液体になると，約 10%体積が増加し，粒子の間に隙間ができる．この隙間に別の粒子が入り込み，それによってできた隙間に，また別の粒子が移動してくるという運動 (並進運動) を繰り返すことにより，液体は流動性をもつようになる．液体を加熱していくと，粒子の熱運動がさらに激しい気体になる．気体になると，体積は約 1000 倍増加し，粒子は空間に飛び出していくようになる．こうなると，粒子間には引力がほとんど働かなくなる．粒子は広い空間を自由に並進運動するので，一定の体積をもたず，形もない．気体の粒子を集めておくには，容器に閉じ込める必要がある．このとき，熱運動している粒子が容器の壁に衝突して及ぼす力が，気体の圧力の原因になる．

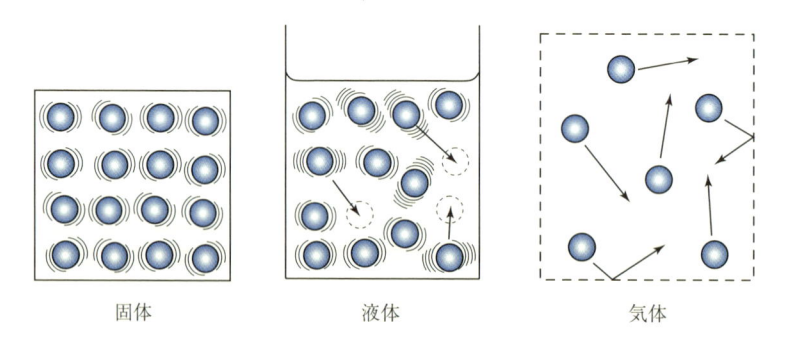

図 2.2 固体・液体・気体の粒子運動の模式図

2.1.2 三態間の変化 —— 沸点と融点

(1) 三態間の変化

物質の三態間の変化は，温度や圧力によって構成粒子の集合状態が変化しているだけの可逆的な変化である．固体が液体になる変化を融解，逆に液体が固体になる変化を凝固という．また，液体が気体になる変化を蒸発 (気化)，気体が液体になる変化を凝縮 (液化) という．さらに，固体から気体になる変化，および，気体から固体になる変化を昇華という (図 2.3).

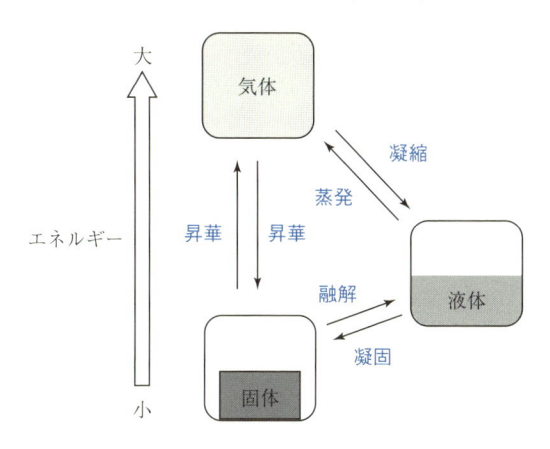

図 2.3　物質の三態変化

次に，蒸発を分子の分子間力と熱運動の立場から考えてみよう．液体を構成している個々の分子の熱運動の大きさ (エネルギーの大きさ) は，液体の温度が一定であっても分子ごとにばらつきがあり，また，液体中を移動する分子の速度にもばらつきがある．分子の速度の分布を調べると，図 2.4 のような，ある一定の分布をしていることがわかっている (マクスウェル-ボルツマン分布).

あるエネルギーよりも大きなエネルギーをもった分子は，分子間力よりも大きな熱運動により，液体の表面から飛び出して気体に変化する．液体の温度が高くなると，分子全体としてエネルギーは大きい方に移動する．さらに，分布

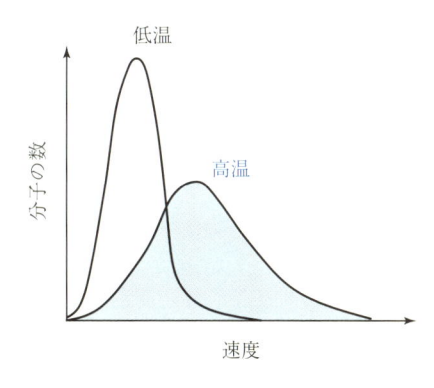

図 2.4　分子の速度分布

の広がりが大きくなり，大きいエネルギーをもつ分子の割合が増加するので，気体への変化も活発に起こるようになる．凝縮についても同じように考えることができる．気体を構成している分子もばらつきのある一定のエネルギー分布をしている．気体の温度を下げていくと，分子全体としてエネルギーは小さい方に移動する．すると，熱運動が分子間力よりも小さくなる分子が増加し，液体の状態に戻っていく．

このような三態間の変化は，圧力の変化によっても起こる．身近な例として，使い捨てライターを考えてみよう．ライターの中にある液体は，ブタン C_4H_{10} である．ブタンは常温常圧で気体であるが，ライターの中にはブタンが圧縮して入れられていて，高圧状態になっている．高圧下では，ブタン分子間の距離が小さくなり，分子間力が強く働くようになるので，凝縮し，液体で存在しているのである．

（2）沸点と融点

液体に熱を加えて温度を上げていくと，表面からの蒸発が活発になる．これを密閉した空間で観察すると，ある温度までは蒸発が進んでいくが，やがて見かけ上，蒸発が止まったようになる．このとき，単位時間に蒸発する分子の数と凝固する分子の数が等しくなっていて，この状態を蒸発平衡という．また，このときの気体を飽和蒸気といい，飽和蒸気のもっている圧力を飽和蒸気圧（または単に蒸気圧）という．一方，密閉されていない空間で液体の温度を上げていくと，蒸気圧が大きくなるが，蒸気圧が外気圧と等しくなったところで，液体内部からも蒸発が起こるようになる．この状態を沸騰といい，このときの温度を沸点という．図 2.5 のように，沸騰が始まっても，液体分子を次々に気化させるには熱エネルギーを与え続けなければならず，沸騰中の液体の温度は一定のままである．固体から液体への変化も同じように考えることができる．固体分子は，分子間力によって規則正しく配列した結晶構造をとっているが，熱を加えていくと分子運動 (振動) が大きくなり，やがて分子間力を上回って

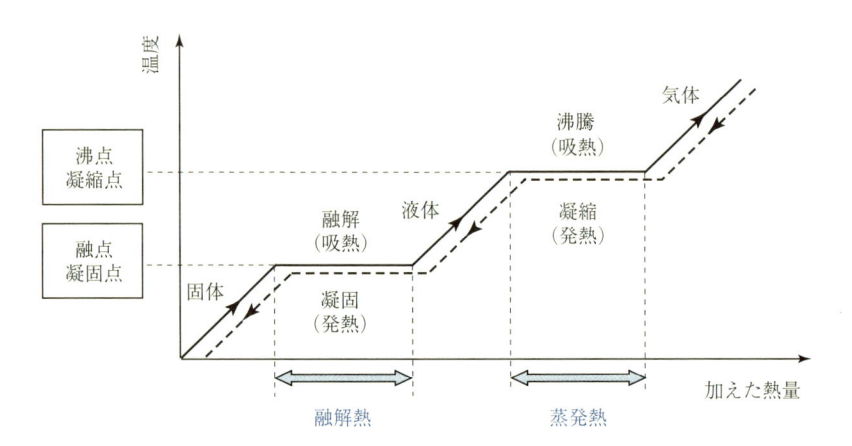

図 2.5 純物質の三態と温度変化

流動し始め，液体になる．これを融解といい，このときの温度を融点という．融解の始まりから終わりまで温度は一定に保たれる．

このように，液体が蒸発して同温度の気体になるとき，あるいは，固体が融解して同温度の液体になるときには，液体分子または固体分子の分子間力を切断して，それぞれ気体分子または液体分子にするのに要するエネルギーが必要である．したがって，蒸発および融解は吸熱過程である*2．物質 1 mol を液体からすべて気体にするのに必要な熱量を蒸発熱 (または気化熱) といい，固体を完全に液体にするのに必要な熱量を融解熱という．逆に，気体の温度を下げると液体に，さらには固体に状態変化する．このとき，エネルギーを加えていった場合と正反対の過程をたどる．凝縮が起こる温度を凝縮点，凝固が起こる温度を凝固点といい，それぞれ沸点および融点と一致する．また，凝縮および凝固は発熱過程である．

(3) 物質の状態図

これまで述べてきたように，物質の状態は温度と圧力によって決まる．これらの平衡関係を表すのが状態図 (相図) であり，三態 (ここでは相という) が，安定に存在できる温度と圧力の領域を示すものである．一般的な純物質の相図を図 2.6 に示す．

気相と液相の平衡を表す曲線 CO を蒸気圧曲線，固相と液相の平衡を表す曲線 AO を融解曲線，固相と気相の平衡を表す曲線 BO を昇華曲線という．点 O は固相，液相，気相が共存できる点で，三重点とよばれる．相図は物質の状態を理解するのにとても有用である．ここで，気相にある点 P を考えよう．この状態から，圧力一定のもとで温度を下げていくと，状態は気相から液相，さらには固相に変化することがわかる．また，気相の別の点 Q は，温度一定のもとで圧力を上げていくと，気相から液相に変化することがわかる．さらに，蒸気圧曲線 CO 上の点 R を線上で移動させると，沸点は圧力が低いほど低下し，高いほど上昇することがわかる．

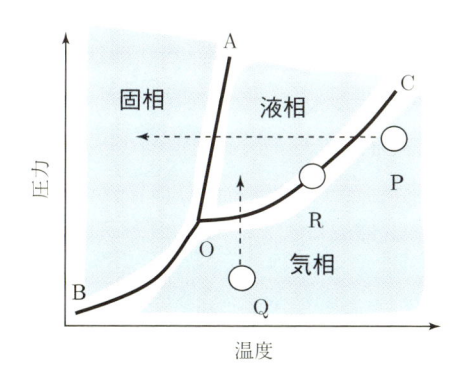

図 2.6 純物質の状態図 (相図)

薬学の分野では，熱に不安定で変化しやすい物質を保存するのに凍結乾燥という手法がよく用いられる．凍結乾燥とは，物質の水溶液を凍結させ，その状態のまま水分を直接，昇華させて乾燥させる方法である．凍結乾燥は，三重点以下の低い圧力で行われなければならないことも，相図から理解することができる．

> ### 水は特殊な物質
>
> 水は最も身近な液体であるが，その性質は他の物質と比べて，特殊な点が多い．その最大の理由は，水分子の構造にある．水分子 H_2O は，2つの水素原子 H と1つの酸素原子 O からなるが，図 2.7 のように，O を中心にして2つの H が両側に結合している．もともと O は H に比べて電子を引き寄せる力 (電気陰性度) が大きいので，H の電子を引き寄せて，わずかに負電荷を帯びている ($δ-$)．逆に，H はわずかに正電荷を帯びている ($δ+$)．図をよく見ると，H - O - H の結合は，一直線 (180°) ではなく，104.5°の角度をなす折れ曲がった形をしている．このことによって，水分子は，分子全体として電荷の偏りをもつ極性分子となっている．そのため，水分子どうしが近づくと，1つの分子の H は隣の分子の O と電気的に引き合って結合するようになる (水素結合)．このようにして，液体の水分子は，水素結合による強い分子間力で結合している．
>
> 図 2.7 水分子の構造と分子間力
>
> 固体が液体になると体積が増加すると述べたが (2.1.1 項参照)，水は液体から固体 (氷) になると，逆に体積が増加する極めて珍しい性質をもつ．これは，液相の水分子が水素結合で強固に結びついているため，固相よりも分子間の距離が小さくなることが原因である．また，水の融点および沸点 (0°C と 100°C) は，酸素と同族の水素化合物である硫化水素 H_2S およびセラン H_2Se の融点と沸点 (-85.5°C と -60.7°C および -65.7°C と -41.3°C) と比べて著しく高い．分子量が小さい水が極端に高い融点と沸

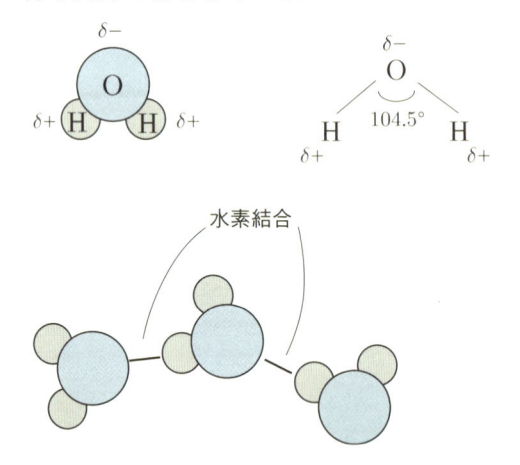

点をもつのも，硫化水素やセレンに比べて水素結合による分子間力が強いためである．

また，一般的な純物質の状態図では，図 2.6 に示したように，融解曲線 AO は右上がりになるが，水の場合は右下がりになる．これは，等温条件下で氷 (固体) に圧力を加えると，氷の結晶構造が壊れ分子密度がより密な水 (液体) の状態になるからである．

普段，当たり前のように目にしている氷が水に浮くという事実は，水の特殊な性質によるものなのである．

2.1.3 結晶の基本構造

固体の塩化ナトリウム中には，同数のナトリウムイオン Na^+ と塩化物イオン Cl^- が存在していて，静電気力 (クーロン力) で互いに引き寄せ合って，規則正しく配列した結晶構造が 3 次元的に広がっている (図 2.8)．まず，大きい塩化物イオンが格子をつくり，その間隙を小さいナトリウムイオンが埋めるように結合している．このようなイオン結晶は，正負同数で中性に保たれている．一方，金属結晶も最大限空間を埋める最密充填により結晶をつくっている．

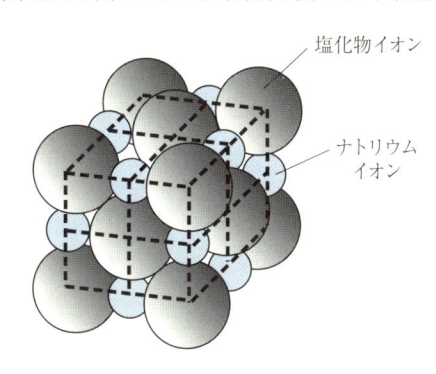

図 2.8　塩化ナトリウムの結晶構造

代表的な 3 種の結晶構造を図 2.9 に示す．いずれも金属原子の最外殻電子が重なり合って結合し，規則的な結晶格子を形づくっている．

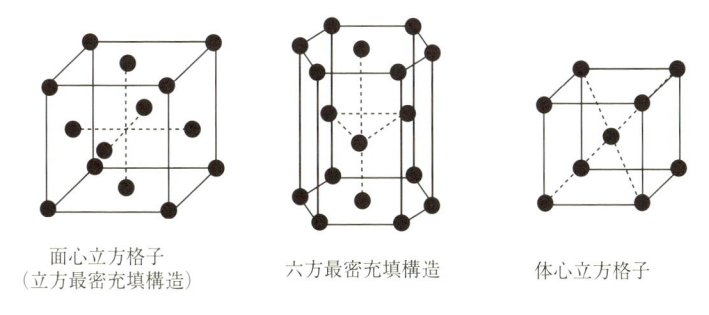

面心立方格子
(立方最密充填構造)　　六方最密充填構造　　体心立方格子

図 2.9　金属の代表的な結晶構造

医薬品として用いられる有機化合物は，固体のまま使われる場合が多い．そのような化合物は，原子配列に規則性をもつ結晶性固体と規則性をもたない非晶性固体に大別できる．一般に，結晶性固体は，非晶性固体に比べて，安定性が高く，溶解速度が小さい (溶けにくい)．このような有機化合物の結晶性固体は，水素結合，ファンデルワールス力などの弱い分子間力やイオン結合によって結晶をつくっている．したがって，結晶構造を予測することは困難で，X 線結晶解析によって明らかにする必要がある．また，物質によっては複数の結晶構造をとるものがあり (結晶多形)，安定形と準安定形が存在する．一般に，安定形結晶の方が融点が高く，溶解速度が小さい (溶けにくい)．一方，非晶性固体は，固体を加熱して融解させた後，急激に冷却することによって得ることができる．前述の凍結乾燥によっても得ることができる．

2.2 気 体

気体は，液体や固体に比べて，圧力や温度による体積変化が大きく，多くの理論が構築されてきた．このような理論の多くは，理想気体を仮定すると取扱いが簡単になる．理想気体とは，実在気体と異なり，分子の大きさがなく，分子間相互作用も起こらないと仮定した気体である．理想気体は，高温低圧下では実在気体の振舞いを比較的よく表現している．ここでは，理想気体を使って気体の性質について説明していく．

2.2.1 ボイルの法則

まず，気体の体積と圧力の関係を考えよう．図 2.10 は，ピストンを使って気体を閉じ込めた温度一定の空間を示している．

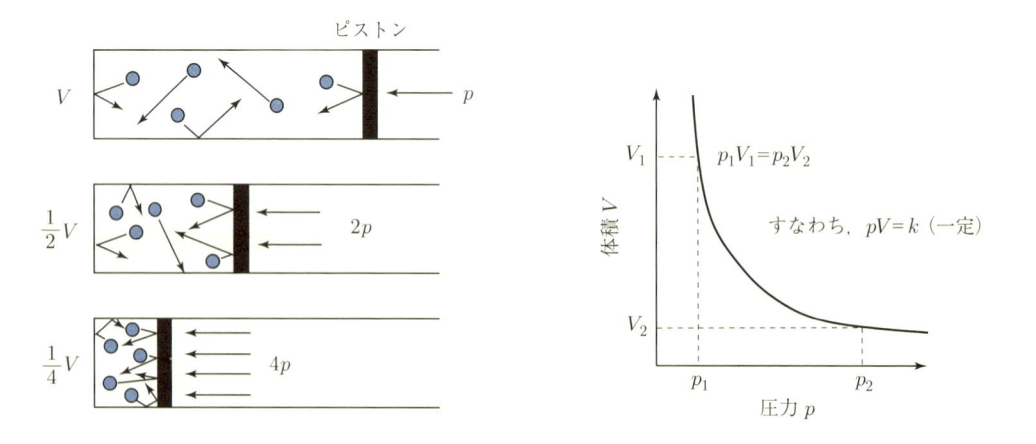

図 2.10　気体の体積と圧力の関係

2.2 気体

気体の体積 V のとき，気体分子がピストンを押す圧力は，外側からかけた圧力 p とつり合っている．次に，ピストンを左に動かして，気体の体積を $V/2$ に圧縮すると，ピストンに衝突する気体分子の数は 2 倍になり，気体の圧力は $2p$ になる．同じように，気体の体積を $V/4$ にすると，ピストンに衝突する気体分子の数は 4 倍になり，気体の圧力は $4p$ になる．このときの圧力と体積の関係を示したのが，右のグラフである．すなわち，「温度一定のとき，一定質量の気体の体積は圧力に反比例する」ことがわかる．これをボイルの法則という．

2.2.2 シャルルの法則

次に，気体の体積と温度の関係を考えよう．図 2.11 は，定圧条件下での風船の中の気体の体積変化を示している．

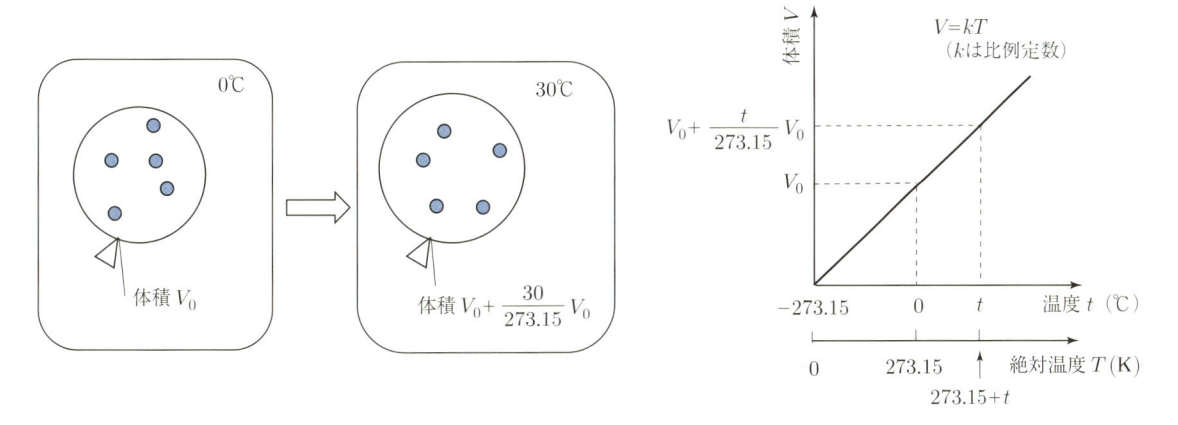

図 **2.11** 気体の体積と温度の関係

風船中の気体分子は運動していて，気体分子が風船を内側から押す圧力は大気圧とつり合っている．気体分子の運動は温度が高くなると活発になり，体積が増加する．シャルルは，低温 (0°C) の部屋においたときの風船の体積を V_0 とすると，30°C では $30V_0/273.15$ だけ増加することを示した．すなわち，「圧力一定のとき，一定質量の気体の体積は温度が 1°C 上昇すると，0°C のときの体積の 1/273.15 ずつ増加する」というシャルルの法則を発見した．したがって，温度 t (°C) のときの気体の体積は

$$V_0 + V_0 \left(\frac{t}{273.15}\right) = V_0 \left(\frac{273.15 + t}{273.15}\right) \tag{2.1}$$

となる．ここで，$(273.15 + t)$ を絶対温度 T といい，単位として K (ケルビン) を用いる．絶対温度を使うと，シャルルの法則は「圧力一定のとき，一定質量の気体の体積は絶対温度に比例する」と言い換えることができる．

2.2.3 ボイル–シャルルの法則

ボイルの法則とシャルルの法則を組み合わせると，「一定質量の気体の体積は，絶対温度に比例し，圧力に反比例する」となる．これを**ボイル–シャルルの法則**という．式で表すと，比例定数を k として

$$V = k\frac{T}{p}$$

すなわち

$$pV = kT \tag{2.2}$$

となる．

2.2.4 気体の状態方程式

ボイル–シャルルの法則では，気体の物質量 (分子数) については，触れてこなかった．理想気体 1 mol の体積は，0°C，1.013×10^5 Pa で，22.4 L であり，分子数が増えるとそれに比例して体積も増加する．n (mol) の気体について，ボイル–シャルルの法則を考えると，新たな定数を R として

$$pV = nRT \tag{2.3}$$

と表すことができる．これを**理想気体の状態方程式**という．ここで，R の値は

$$\begin{aligned}R &= \frac{pV}{nT} \\ &= \frac{1.013 \times 10^5 \text{ (Pa)} \times 22.4 \times 10^{-3} \text{ (m}^3\text{)}}{1 \text{ (mol)} \times 273.15 \text{ (K)}} \\ &= 8.31 \text{ (m}^3\text{Pa/(K·mol))}\end{aligned} \tag{2.4}$$

となる．あるいは，Pa = N/m² = N·m/m³ = J/m³ なので

$$R = 8.31 \text{ (J/(K·mol))}$$

となる．R を**気体定数**という．

では，**実在気体**については，どのように取り扱えばよいだろうか．実在気体は，理想気体とは異なり，分子は大きさをもち，分子間には力が働いているので，特に気体分子の密度が大きい条件下 (高圧下) で理想気体の状態方程式 (式 (2.3)) からの"ずれ"が生じる．理想気体からのずれの度合を表すのに，**圧縮因子** Z がよく用いられる．Z は pV/nRT で表され，理想気体では常に $Z=1$ である．図 2.12 に，水素，メタン，二酸化炭素の圧力変化に伴う圧縮因子の推移の概略を示す．理想気体からのずれは，気体の種類によって大きく異なるが，低圧下 (常圧 (1.013×10^5 Pa)) ではどの気体も $Z \fallingdotseq 1$ であり，理想気体に近くなっている．

Pa は圧力を表す単位で，**パスカル**という．1 m² に 1 N の力が働くときの圧力 (1 N/m²) を 1 Pa という．1 気圧は 1.013×10^5 Pa である．

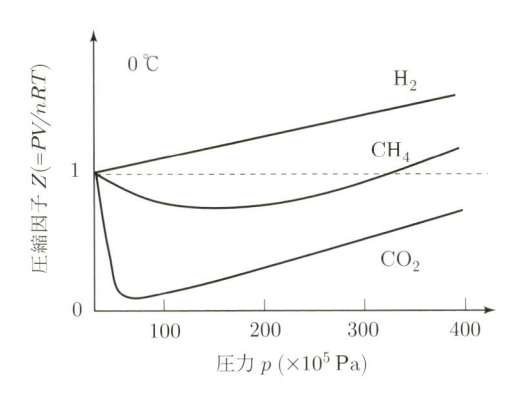

図 2.12　実在気体の理想気体からのずれ

2.2.5　混合気体 —— ドルトンの分圧の法則

これまでは，1 種類の分子からなる気体の振舞いについて考えてきた．それでは，窒素と酸素からなる空気のような混合気体の場合には，どのように考えればよいだろうか．結論から言うと，気体の状態方程式は混合気体の場合にも成り立つ．

いま，3 種類の気体 A, B, C をある体積 V の容器に，それぞれ n_A, n_B, n_C (mol) ずつ入れたとする．気体の温度を T，各気体の圧力 (分圧) を p_A, p_B, p_C とすると，各気体の状態方程式は

$$p_A V = n_A RT \tag{2.5}$$
$$p_B V = n_B RT \tag{2.6}$$
$$p_C V = n_C RT \tag{2.7}$$

となる．また，混合気体の圧力 (全圧) を p とすると

$$pV = (n_A + n_B + n_C)RT \tag{2.8}$$

と表すことができる．したがって

$$p = p_A + p_B + p_C \tag{2.9}$$

という式が得られ，「同温同体積において，混合気体の全圧は各気体の分圧の和に等しい」というドルトンの分圧の法則が成り立つ．

さらに，A のモル分率 $x_A (= n_A/(n_A + n_B + n_C))$ を用いると

$$p_A = p x_A \tag{2.10}$$

と表すこともでき，「混合気体の各気体の分圧は，全圧にモル分率を掛けたものに等しい」ことがわかる．

気体の分子運動とエネルギー

2.2 節では，温度を分子の速度 (運動エネルギー) と関連づけ，圧力を気体分子が容器にぶつかって容器を押す力と考えてきた．最後に，気体の分子運動とエネルギーの関係を考えてみよう．

図 2.13 のように，1 辺の長さが l の立方体の容器の中にある気体分子を考える．

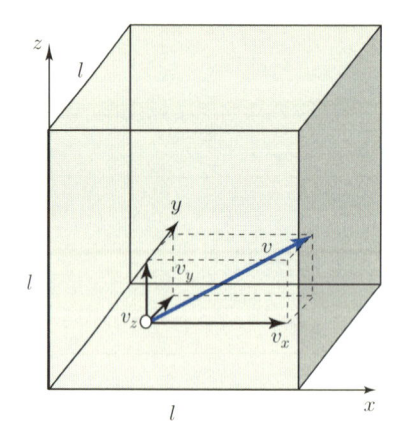

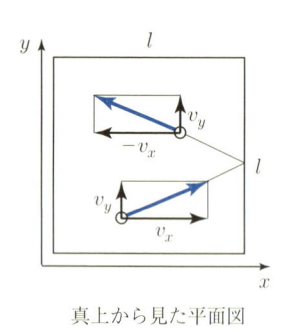

図 2.13 立方体中の気体分子の運動

気体分子の速度 v を x, y, z 方向の 3 成分に分けると

$$v^2 = v_x^2 + v_y^2 + v_z^2$$

が成り立つ．また，立方体を真上から見て，側壁に気体分子が完全弾性衝突する場合を考えると，1 回の衝突で x 方向に生じる運動量 (質量×速度) の変化の大きさは

$$mv_x - (-mv_x) = 2mv_x \tag{2.11}$$

となる．同じ分子が同じ壁に次に衝突するまでにかかる時間は $2l/v_x$ であるから，単位時間あたりに衝突する回数は $v_x/2l$ となり，この壁に衝突することによる x 成分の単位時間あたりの運動量の変化は

$$2mv_x \left(\frac{v_x}{2l}\right) = \frac{mv_x^2}{l} \tag{2.12}$$

と表すことができる．容器内には多くの分子が存在しているので，分子全体としては $v_x^2 = v^2/3$ とみなすことができる．そして，分子の数を N とすると，気体分子が壁を押す力 (単位時間あたりの運動量変化) は $Nmv^2/3l$ となり，圧力 p は

$$p = \frac{Nmv^2}{3l^3} = \frac{Nmv^2}{3V} \quad (V \text{ は立方体の体積}) \tag{2.13}$$

2.2 気体

と表すことができる. 圧力は, 気体 1 分子の質量, 気体分子の数, 平均速度に依存することがわかる.

一方, このとき気体分子のもつ全運動エネルギー E は $Nmv^2/2$ となる. そこで, 気体分子の数をアボガドロ定数 N_A (1 mol) として, 式 (2.13) を変形すると

$$pV = \frac{N_A m v^2}{3} = \frac{2}{3}\left(\frac{N_A m v^2}{2}\right) = \frac{2}{3}E = RT \qquad (2.14)$$

となり

$$E = \frac{3RT}{2} \qquad (2.15)$$

が得られる. このことから, 気体のエネルギーは温度に依存し, 1 分子の質量には依存しないことがわかる.

次に, 1 分子の運動エネルギー E' を考えると, E' は $mv^2/2$ であるから

$$E' = \frac{3}{2}\left(\frac{R}{N_A}\right)T = \frac{3}{2}k_B T \qquad (2.16)$$

となる. これは, 温度 (熱力学) を気体 1 分子のエネルギー (量子力学) と関連づける重要な式である. ここで, k_B をボルツマン定数といい

$$k_B = \frac{8.31}{6.022 \times 10^{23}} = 1.38 \times 10^{-23} \text{ (J/K)} \qquad (2.17)$$

となる.

量子力学においては, エネルギーは連続して変化するのではなく, 特定のとびとびの状態をとる (エネルギーの量子化) ことを念頭においておかなければならない. ボルツマンは, 異なる 2 つのエネルギー (E_1 と E_2) をもつ分子数の比 (N_2/N_1) が

$$\frac{N_2}{N_1} = \frac{g_2}{g_1} \times \exp\left(-\frac{E_2 - E_1}{k_B T}\right) \qquad (2.18)$$

と表せることを示した (ボルツマン分布則). ここで, g_1, g_2 はそれぞれエネルギー準位 1, 2 の縮退度 (同じエネルギー状態をもつ量子数の数) であり, 最も簡単な系ではとりあえず 1 と考えてよい. この式から, 2 つのエネルギー準位間のエネルギー差が大きいほど, 分子が存在する確率は指数関数的に減少すること, また, 温度が高くなると, 離れたエネルギー準位にも存在しやすくなることがわかる. これは, 図 2.4 に示した液体中での分子速度分布の温度変化ともよく対応している.

2.3 溶 液

物質の状態変化を学習することは，化学の学習の中で大きな領域を占めている．薬学分野では，粉薬 (散剤) やカプセル剤が身体の中で溶けて (溶解して) 身体に吸収される，あるいは，小さな子供には飲みやすいように水薬 (水剤) として調剤するなどの例からわかるように，物質がどのように溶けるのか，水に溶けた物質がどのような性質を示すのかを理解することは特に重要である．ここでは，物質の溶解のしくみと溶液の基本的な性質を中心に説明していく．

2.3.1 溶液の濃度

液体に溶けている物質を溶質，溶質を溶かす液体を溶媒といい，溶質が溶液中に存在する度合いを示すものが濃度である．濃度の表し方には多くの種類があり，薬学分野では，質量百分率，質量対容量百分率，体積百分率，モル濃度，質量モル濃度などがよく用いられる．

(1) 質量百分率

質量百分率は，溶液 100 g 中 (溶媒ではない点に注意) に含まれる溶質の質量 (g) を表す．単位は％ (パーセント) である．例えば，溶質 5 g を溶媒 95 g に溶かすと，この溶液の質量百分率は 5% である．

これと同じ濃度の表し方で，質量百万分率もよく用いられる．文字通り，質量百分率の 1 万分の 1 を意味していて，単位は ppm (part(s) per million) である．1% は 10000 ppm に相当する．さらに，小さな濃度のときには，質量十億分率が用いられる．質量百万分率の 1000 分の 1 を意味していて，単位は ppb (part(s) per billion) である．1 ppm は 1000 ppb に相当する．

(2) 質量対容量百分率

質量対容量百分率は，溶液 100 mL 中 (溶媒ではない点に注意) に含まれる溶質の質量 (g) を表す．単位は w/v% (w/v (weight per volume) パーセント) である．例えば，溶質 5 g を溶媒に溶かして，100 mL の溶液にすると，この溶液の質量対容量百分率は 5 w/v% である．

これとよく似た濃度の表し方の単位で，g/mL (グラム毎ミリリットル) が用いられる．これは，溶液 1 mL に含まれる溶質の質量 (g) を表す．

(3) 体積百分率

体積百分率は，溶液 100 mL 中 (溶媒ではない点に注意) に含まれる溶質の容量 (mL) を表す．単位は vol% (vol (volume) パーセント) である．例えば，溶質 5 mL を溶媒に溶かして，100 mL の溶液にすると，この溶液の体積百分率は 5 vol% である．

これと同じ濃度の表し方で，体積百万分率も用いられる．単位は vol ppm であり，1 vol% は 10000 vol ppm に相当する．

（4） モル濃度

モル濃度は，溶液 1 L 中 (溶媒ではない点に注意) に含まれる溶質の量をモル数で表したものである．単位は mol/L (モル毎リットル) である．例えば，溶質 5 mol を溶媒に溶かして，1 L の溶液にすると，この溶液のモル濃度は 5 mol/L である．

小さい濃度を表す場合に，1000 分の 1 ごとに，mmol/L (ミリモル毎リットル)，μmol/L (マイクロモル毎リットル)，nmol/L (ナノモル毎リットル) という単位で表す場合がある．すなわち，1 mmol/L は 10^{-3} mol/L に，1 μmol/L は 10^{-6} mol/L に，1 nmol/L は 10^{-9} mol/L に相当する．

（5） 質量モル濃度

質量モル濃度は，溶媒 1 kg 中 (溶液ではない点に注意) に含まれる溶質の量をモル数で表したものである．単位は mol/kg (モル毎キログラム) である．例えば，溶質 5 mol を溶媒 1 kg に溶かすと，この溶液の質量モル濃度は 5 mol/kg である．

モル濃度の場合と同様に，1 mmol/kg は 10^{-3} mol/kg に，1 μmol/kg は 10^{-6} mol/kg に，1 nmol/kg は 10^{-9} mol/kg に相当する．

2.3.2 溶解度

（1） 溶解平衡

前項では溶液の濃度について説明してきたが，物質は無限に溶媒に溶けるわけではない．溶媒に溶質をどんどん加えていくと，ある濃度で溶質が溶けずに固体のまま溶液中に存在するようになる．このとき溶液中では，図 2.14 のように，単位時間に固体の表面から溶解していく粒子の数と，溶液中から固体に戻る粒子の数が等しい状態になっている．これを溶解平衡といい，この溶液を飽和溶液という．そして，飽和溶液の濃度を加えた固体物質の溶解度という．

一般に，溶解度は温度が高くなると大きくなる．一方，ある物質の溶解度は溶媒によって著しく異なる．言い方を変えると，ある溶媒に対して，溶けやすい (溶解度が高い) 物質と溶けにくい (溶解度が低い) 物質がある．なぜそのような違いが生じるのかを理解するために，まず溶液中の物質の状態について説明する．

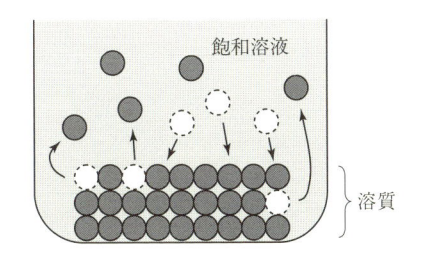

図 2.14 溶解平衡

(2) 水 和

料理の味付けに必要な食塩と砂糖は，いずれも水に溶けるが，水への溶け方はいくぶん異なる．食塩の成分である塩化ナトリウムは，Na$^+$ と Cl$^-$ がイオン結合して結晶をつくっている．塩化ナトリウム NaCl を水の中に入れると，極性分子である水分子は (図 2.7 参照)，わずかに負電荷を帯びている ($\delta-$) 酸素原子が表面の Na$^+$ に，わずかに正電荷を帯びている ($\delta+$) 水素原子が表面の Cl$^-$ に引き付けられ，図 2.15(a) のように，イオンのまわりに水分子が結合して溶解する．このように，イオンや分子に水分子が結合することを**水和**という．

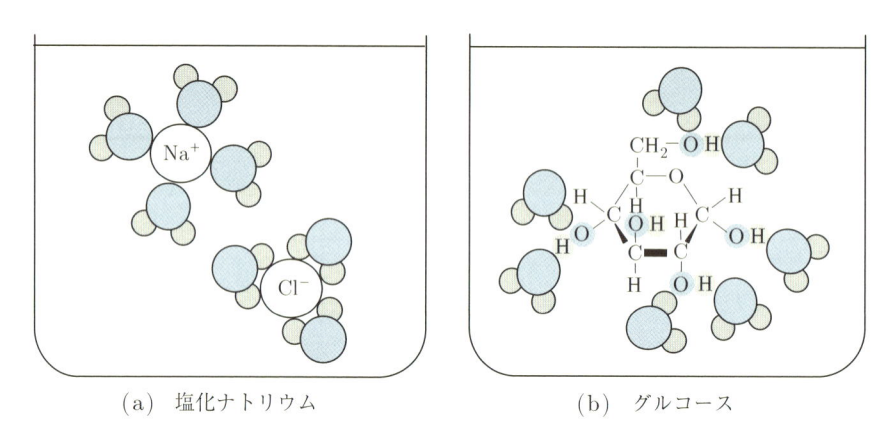

(a) 塩化ナトリウム　　(b) グルコース

図 2.15　塩化ナトリウムとグルコースの水和

以上のことから，イオン結合している物質は水和しやすく，水に溶解しやすいという印象をもつかもしれないが，必ずしもそうではない．例えば，炭酸カルシウム CaCO$_3$ は，水にほとんど溶けない (**難溶性**)．これは，炭酸カルシウムの結晶表面の Ca^{2+} と CO$_3^{2-}$ のイオン結合が非常に強く，水分子が水和しても結晶から離れにくいからである．

一方，砂糖の主成分は，グルコース (ブドウ糖) とフルクトース (果糖) からなるスクロース (ショ糖) である．グルコースを例にあげると，図 2.15(b) のように，グルコースがもつヒドロキシ基－OH に水中で弱い電荷の偏りが生じて，－O$^{\delta-}$－H$^{\delta+}$ の状態になる．すると，水分子の O がヒドロキシ基の H$^{\delta+}$ に，水分子の H がヒドロキシ基の O$^{\delta-}$ に結合し，塩化ナトリウムの場合と同じように水和して，水に溶解する．エタノール C$_2$H$_5$OH が水に溶けやすいのも，グルコースと同じ理由である．

(3) 親水性と疎水性

グルコース分子中のヒドロキシ基のように，水和しやすい官能基を**親水基**という．親水基に分類されるものには，他に，アミノ基－NH$_2$ やカルボキシ基－COOH などがある．

2.3 溶液

逆に，水になじまない官能基を疎水基という．疎水基は，一般に電荷の偏りが極めて小さい非極性基である．代表例は炭化水素であり，アルキル基 $C_nH_{2n+1}-$ やフェニル基 C_6H_5- をもつ分子は，水に溶けにくい．すでに述べたように，エタノールはヒドロキシ基をもっていて水によく溶けるが，炭化水素鎖が長くなるにつれて，水になじみにくくなり，溶けにくくなる．メタノール CH_3OH，エタノール C_2H_5OH，プロパノール C_3H_7OH は水によく溶けるが，ブタノール C_4H_9OH，ペンタノール $C_5H_{11}OH$，ヘキサノール $C_6H_{13}OH$ の順に溶解度が著しく減少していく．

一般に，疎水性の高い非極性物質は，極性溶媒の水には溶けにくいが，ベンゼンやシクロヘキサンなどの非極性溶媒には溶けやすい．

（4） 両親媒性物質

分子の中には，1分子内に親水基と疎水基の両方をもち，極性溶媒にも非極性溶媒にも親和性をもつ両親媒性物質とよばれる分子がある．これらは，界面活性剤や膜構成成分として機能している．

図 2.16 に，界面活性剤のドデシル硫酸ナトリウム (SDS) と膜を構成するリン脂質のジパルミトイルホスファチジルコリン (DPPC) の構造を示す．分子

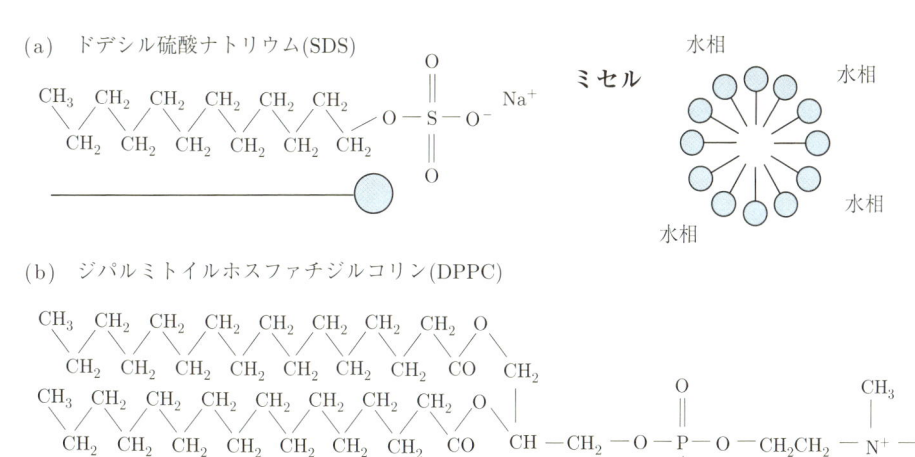

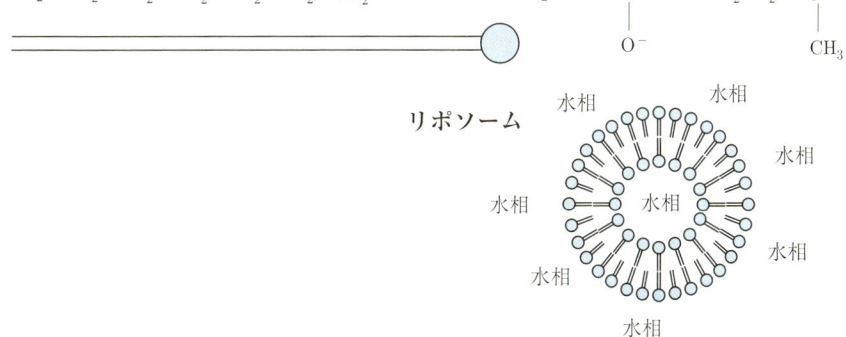

図 2.16 両親媒性物質

内に，極性が極めて小さい疎水基 (炭化水素鎖) とイオン化している親水基があることがわかる．これらの物質はいくつかの分子が集まって機能することが多いが，それを図として表現するときには疎水基を直線で，親水基を丸で表すのが通例となっている．

界面活性剤を水に加えていくと，図 2.17 のように，界面に分布し，親水基を水の中に向けて，疎水基を水の外側に出した状態になっている．また，一部は水中に単量体で存在している．界面活性剤の濃度が上昇して，界面に分布できなくなると，水中に存在する割合が増加する．そして，水中で一定の濃度以上になると，分子集合体を形成する．これは，界面活性剤の疎水基が水との接触をできるだけ小さくするために寄り集まろうとする作用 (疎水性相互作用) と，逆に親水基が単分子で水に溶解しようとする作用のバランスによってできた集合体である．この集合体をミセルといい，物質がミセルを形成し始める濃度を臨界ミセル濃度 (cmc: critical micelle concentration) という．

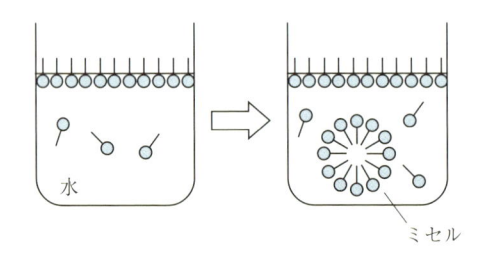

図 2.17 界面活性剤の分布

一方，リン脂質は水中で，リポソームとよばれる脂質二重膜からなる小胞構造を形成する (図 2.16)．リポソームは，内部に水相を有する構造をしていて，リン脂質の親水基が外側と内側を向いている．これもミセルと同じように，リン脂質の疎水基と親水基の性質によって生じる分子集合体である．リポソームは，生体に薬を運ぶ薬物送達システム[*3]や生体膜のモデル[*4]に利用されている．

(5) 医薬品の溶解度

実際に医薬品の溶解度について考えてみよう．

図 2.18(a) に，抗炎症作用・鎮痛作用・解熱作用をもつ医薬品イブプロフェンの構造式を示す．イブプロフェンは，白色の結晶性粉末であり，エタノールまたはアセトンに溶けやすく，水にほとんど溶けない．しかし，この物質は薄い水酸化ナトリウム水溶液には溶ける．なぜだろうか．

イブプロフェンは，水に溶けると電離する弱酸性物質で，分子形 (H が結合した状態; $-COOH$) とイオン形 (H が解離した状態; $-COO^-$) の平衡が成り立っている．弱酸性物質なので，平衡は左に大きく偏っている．水にイブプロフェンを加えていくと，ある量で溶けることができなくなり沈殿し始める．この溶解平衡のときには

2.3 溶液

(a) イブプロフェンの構造

分子形 ⇌ イオン形

(b) イブプロフェンのイオン形モル分率に及ぼすpHの影響

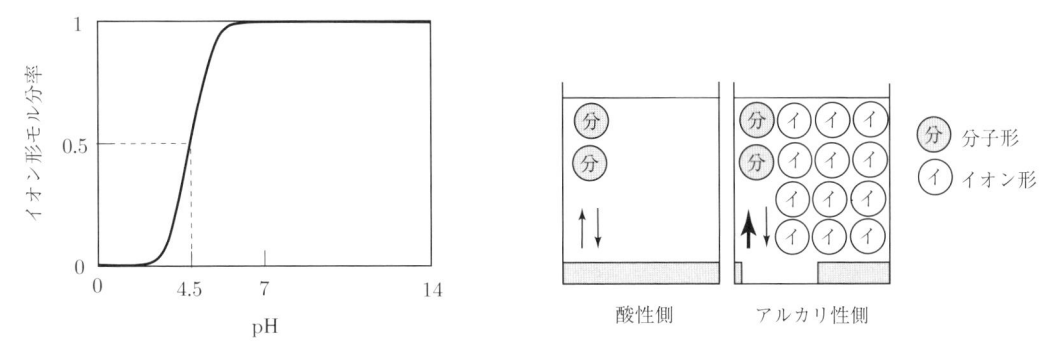

図 2.18　イブプロフェンの電離

$$\text{イブプロフェン (固相)} \rightleftarrows \text{分子形イブプロフェン (液相)}$$
$$\rightleftarrows \text{イオン形イブプロフェン (液相)}$$

の間で平衡が成り立っている．液相には分子形とイオン形の2種類のイブプロフェンが存在するが，水に溶けやすいのは電荷をもつイオン形の方である．

ここで，図 2.18(b) を見てみよう．酸性物質や塩基性物質は水溶液の pH によって，分子形とイオン形の平衡が大きく変化する．イブプロフェンは pK_a 4.5 の弱酸性物質なので，pH 4.5 を境に平衡が大きく移動し，pH の上昇に伴ってイオン形の存在割合が大きくなる[*5]．イブプロフェンを水に溶かしたときの pH は低く (pH2〜3 程度)，液相に存在するのは分子形イブプロフェンであるため，溶解度は小さい．一方，水酸化ナトリウム水溶液の pH は高いので，液相のイブプロフェンはすべてイオン形で存在すると考えてよい．したがって，上の平衡は右に移動し，溶解度が上昇するのである．実際に，pH 6.8 のときのイブプロフェンの溶解度は，pH 1.2 のときより 30 倍以上大きい．このように，医薬品の中には，溶媒の pH によって溶解度が著しく変化するものがあるので，溶解の原理を理解し，医薬品を慎重に取り扱う必要がある．

(6) 溶解度と溶解度積

溶解度とは飽和溶液の濃度であることはすでに述べたが，溶解度の表し方には 2 通りある．通常，溶媒に溶けやすい物質の場合には「溶媒 100 g に溶解しうる溶質の量 (g)」で表し，溶媒に溶けにくい物質の場合には「溶液 1 L 中に溶

けている溶質の量 (mol)」で表す．薬学領域では後者を対象にする場合が多い．

水に難溶性の塩化銀 AgCl を水に加えると，溶解度が小さいので，すぐに溶解平衡の状態になる．このとき，温度が一定であれば，水相のイオンのモル濃度の積 $K_{sp} = [Ag^+][Cl^-]$ は一定である．この K_{sp} を塩化銀の溶解度積という．溶解度積は物質固有の定数であり，溶解度積が小さい物質ほど溶解度が小さい．また，溶液中のイオン濃度の積が，その物質の溶解度積より大きくなると沈殿が生成し始める．

次に，塩化銀を塩化ナトリウム水溶液に溶かす場合を考えてみよう．この場合，液相には塩化ナトリウムから生じた塩化物イオン Cl^- がもともと存在している．そのため，銀イオンと塩化物イオンのモル濃度の積は，より少量の塩化銀を加えただけで，溶解度積よりも大きくなり，沈殿が生じてしまう．すなわち，塩化銀の塩化ナトリウム水溶液に対する溶解度は，水に対する溶解度よりも小さくなる．これを共通イオン効果という．

2.3.3 希薄溶液の性質 (溶液の束一性)

私たちのまわりにある物質は多種多様であるが，面白いことに少量の物質を溶媒に溶かした希薄溶液の性質の中には，物質の種類によらず，その溶液中に存在する粒子の数で決まるものがある．その性質とは，蒸気圧降下，沸点上昇，凝固点降下，浸透圧の変化であり，この希薄溶液が示す特徴を束一的性質という．これら 4 つの物理化学的現象の変化量 Δ は，溶質 B の質量モル濃度を m_B とすると

$$\Delta = km_B \quad (k \text{ は溶媒に固有の比例定数}) \tag{2.19}$$

で表すことができる．ただし，物質 (溶質) が束一的性質を示すためには，不揮発性物質であること (蒸気は溶媒の気体のみからなること)，溶液が凝固しても固体には溶けないこと (固体は溶媒の固体のみからなること) が必要である．

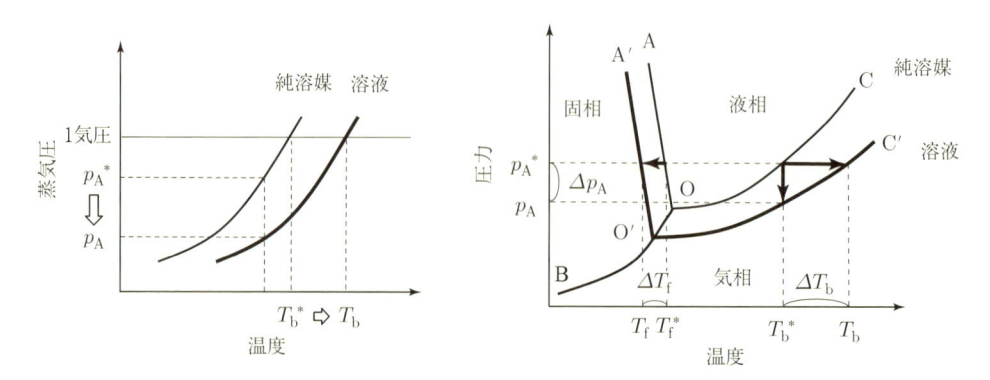

図 2.19 蒸気圧降下と沸点上昇

2.3 溶液

(1) 蒸気圧降下

不揮発性物質の水溶液は，水に比べて，同じ温度でもその表面から蒸発する水分子が少ない．したがって，どの温度においても水溶液の方が水よりも蒸気圧が小さくなる (図 2.19)．これを蒸気圧降下という．

ラウールの法則によれば，溶液における溶媒 A の蒸気圧 p_A は，純溶媒 A の蒸気圧 p_A^* と溶液中の溶媒 A のモル分率 x_A の積で表される．また，x_A は溶質 B のモル分率 x_B を用いると，$1 - x_B$ となるので

$$p_A = p_A^* x_A = p_A^*(1 - x_B) \tag{2.20}$$

と表すことができる．したがって，溶媒 A の蒸気圧降下度 Δp は，式 (2.20) より

$$\Delta p = p_A^* - p_A = p_A^* x_B \tag{2.21}$$

となる．溶媒 A，溶質 B の物質量 (mol) を，それぞれ n_A, n_B とすると，希薄溶液であるから x_B は

$$x_B = \frac{n_B}{n_A + n_B} \fallingdotseq \frac{n_B}{n_A} \tag{2.22}$$

と近似することができる．また，溶質 B の質量モル濃度 m_B は，溶媒 1 kg 中に含まれる溶質 B のモル数である．溶媒 1 kg に相当する溶媒 A のモル数は，溶媒 A の分子量 M_A を用いて，$1000/M_A$ と表すことができる．よって，x_B は m_B を用いると，式 (2.22) より

$$x_B = m_B \frac{M_A}{1000} \tag{2.23}$$

となる．したがって，式 (2.21) は，式 (2.23) より

$$\Delta p = p_A^* x_B = \frac{p_A^* M_A}{1000} m_B \tag{2.24}$$

と表すことができる．$p_A^* M_A / 1000$ は溶媒 A に依存する定数であり，溶質 B には依存しないので，この式は蒸気圧降下度 Δp が溶質の質量モル濃度 m_B に比例することを示している．

(2) 沸点上昇

図 2.19 のように，液体の温度を上げていくと，蒸気圧が 1 気圧 (1.013×10^5 Pa) になったところで沸騰し始める．このときの溶液の温度が沸点である．また，不揮発性物質の溶液は純溶媒に比べて蒸気圧が低下している．したがって，蒸気圧が 1 気圧になるためには，溶液の沸点 T_b は溶媒の沸点 T_b^* よりも高くならなければならない．このように，沸点が高くなる現象を沸点上昇という．

希薄水溶液の 100°C 付近の狭い範囲では，沸点上昇度 ΔT_b は蒸気圧降下度 Δp に比例するので，式 (2.24) より

$$\Delta T_b = k\,\Delta p = k\left(\frac{p_A{}^* M_A}{1000}\right) m_B = K_b m_B \tag{2.25}$$

と表すことができる．K_b はモル沸点上昇定数とよばれ，1 mol/kg の濃度における沸点上昇度を表す溶媒固有の値である．水の K_b は 0.51 K·kg/mol である．

(3) 凝固点降下

液体の温度を下げていくと，凝固が起こる．このときの温度が凝固点であるが，一般に水溶液の凝固点 T_f は，純溶媒の凝固点 $T_f{}^*$ よりも低い．この現象を凝固点降下という (溶媒が水のときには，氷点降下ということもある)．凝固点降下度 ΔT_f は

$$\Delta T_f = K_f m_B \tag{2.26}$$

で表される．K_f はモル凝固点降下定数とよばれ，1 mol/kg の濃度における凝固点降下度を表す溶媒固有の値である．水の K_f は 1.86 K·kg/mol である．

ここで，水と水溶液の状態図から，蒸気圧降下，沸点上昇，凝固点降下を見てみよう (図 2.19)．水溶液では，水の融解曲線 OA は O′A′ に，水の昇華曲線 OB は O′B に，水の蒸気圧曲線 OC は O′C′ にそれぞれ変化するため，蒸気圧降下 Δp，沸点上昇 ΔT_b，凝固点降下 ΔT_f が起こるのである．

(4) 浸透圧の変化

図 2.20 のように，溶媒のみを透過させる半透膜で希薄水溶液と水を仕切っておくと，水から希薄水溶液の方へ (右から左へ) 移る水分子は，希薄水溶液から水へ (左から右へ) 移る水分子よりも多い (希薄水溶液から蒸発する水分子が純水から蒸発する水分子よりも少ないのに似ている (蒸気圧降下))．この現象を浸透という．つまり，希薄水溶液が薄められる方向に力が働く．これを浸透圧という．したがって，時間がたつと，希薄水溶液の水位が上昇する．平衡に達したところで，希薄水溶液の上から圧力を加え，水位を戻すときに要する圧力が浸透圧になる．

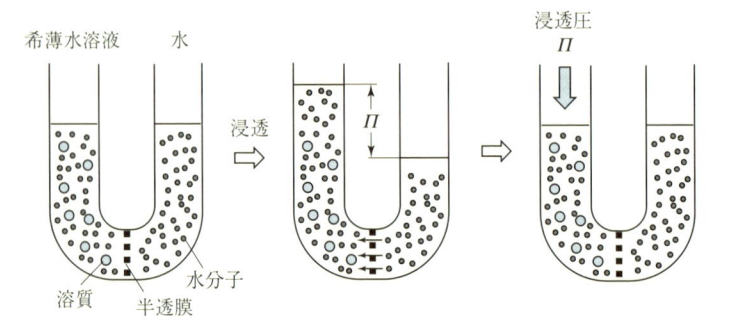

図 2.20　浸透圧

2.3 溶液

希薄溶液の浸透圧 Π とモル濃度 c_B との間には

$$\Pi = RTc_B \tag{2.27}$$

で表されるファントホッフの式が成り立つ．希薄水溶液の場合には，モル濃度 c_B は質量モル濃度 m_B とほぼ等しいので，式 (2.27) は

$$\Pi = RTm_B \tag{2.28}$$

と近似して表すことができる．

2.3.4 コロイド溶液

溶液の中には，普通の大きさ (直径が約 1 nm ($= 10^{-9}$ m $= 10$Å) 以下) の溶質 (分子またはイオン) よりも大きな粒子 (デンプン，タンパク質など) が存在しているものもある．直径が 1 nm〜1 μm (10^{-9}〜10^{-6} m) 程度の大きさの粒子を特にコロイド粒子といい，その溶液は物質の種類によらず，いくつかの共通した性質をもつ (図 2.21)．

また，コロイド粒子が存在するのは液体中だけとは限らない．コロイド粒子が他の物質中に浮遊している系をコロイド分散系といい，分散質と分散媒からなる．コロイド分散系は，分散質の相と分散媒の相の組み合わせにより，表 2.1 のように分類される．このうち，流動性を示すものをゾル，固化して流動性を失ったものをゲルという．

注射剤や点眼剤の等張化

薬学領域において，浸透圧はとても重要な物理化学的性質である．血液や涙液などの体液は浸透圧をもっていて，注射剤や点眼剤を調製するときには，溶液の浸透圧を体液と等しい浸透圧 (等張) にしなければならない．ちなみに，注射剤や点眼剤の濃度で%が使われるときには，w/v%を意味している．

体液は 0.90%NaCl 水溶液と等しい浸透圧をもっている．もし，赤血球を体液の浸透圧よりも高い溶液 (高張液) に入れると，赤血球内の水が細胞外へ出ていってしまうため，赤血球は委縮し，原形質分離を起こす．逆に，体液の浸透圧よりも低い溶液 (低張液) に入れると，細胞外から赤血球内へ水が入り込んでしまうため，赤血球は膨潤し，溶血する．したがって，注射剤や点眼剤などは，体液と等張にしなければならない．等張にするための操作を等張化という[*6]．

表 2.1　コロイド分散系

分散媒の相	分散質の相	身近な例	通称
固体	固体	色ガラス，ルビー	
	液体	寒天，ゼラチン	
	気体	スポンジ，木炭	
液体	固体	絵具，墨汁	懸濁液 (サスペンション)
	液体	牛乳，マヨネーズ	乳濁液 (エマルション)
	気体	ビールの泡	気泡
気体	固体	煙，ほこり	エアロゾル
	液体	霧，雲，スプレー	

(1) 親水コロイドと疎水コロイド

　分散媒が水の場合を考えてみよう．水中のコロイド粒子は，表面が親水性であると，水和層が存在するため，安定に存在する．例として，セッケン，デンプン，タンパク質などの有機化合物があげられ，このような粒子を親水コロイド粒子という．図 2.16 に示したミセルも両親媒性分子が会合体を形成して，水和層をつくっている親水コロイド粒子である．親水コロイド粒子は，溶液に多量の電解質を加えると，水和水が奪われて凝集する．これを塩析という．

　一方，表面に水和層をもたない疎水性粒子でも，帯電していれば静電的な反発力により粒子間の接触が妨げられ，コロイド粒子として水中で安定に存在できる．例として，金，銀，イオウなどの無機物質があげられ，このような粒子を疎水コロイド粒子という．疎水コロイドは，一般的に親水コロイドに比べて不安定であり，少量の電解質を加えると，粒子表面の電荷が中和されて凝集する．これを凝結 (凝析) という．

　ところが，疎水コロイド溶液に親水コロイドを添加しておくと，疎水コロイド粒子の表面を親水コロイド粒子が覆い，凝結しにくくなる．このような目的で添加される親水コロイドを保護コロイドという．

(2) コロイド溶液の性質

① ブラウン運動 (図 2.21 (a))　コロイド粒子が分散媒中に分散しているとき，熱運動によって不規則に動いている分散媒分子がコロイド粒子に衝突して，粒子が不規則な運動をしている様子が観察される．このコロイド粒子の運動をブラウン運動という．ブラウン運動は，高温ほど激しく，また，コロイド粒子が小さいほど激しい．

② チンダル現象 (図 2.21 (b))　コロイド溶液に光を当てると，溶液中に光の進路が見える．これをチンダル現象という．低分子物質の溶液では，光の進路は見えない．これは，入射した光を大きなコロイド粒子が散乱していることによる．

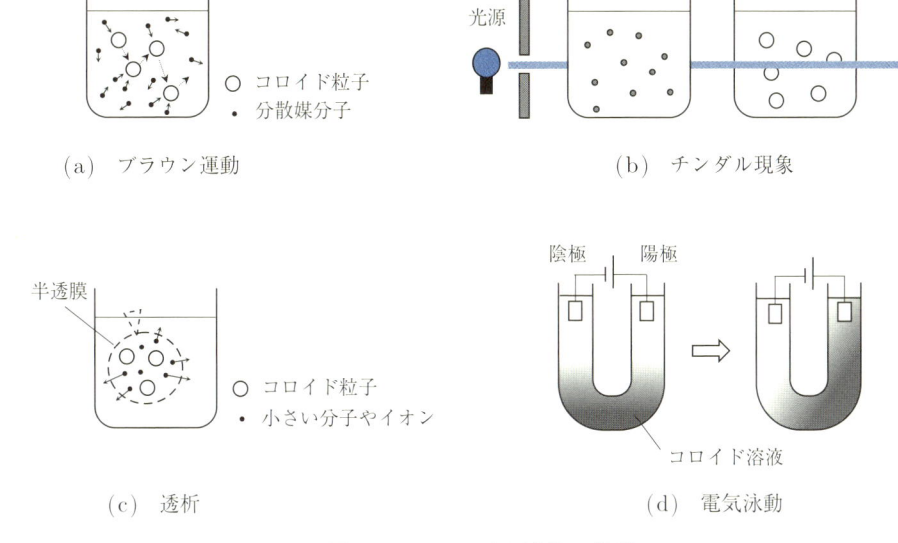

2.3 溶液

図 2.21 コロイド溶液の性質

(a) ブラウン運動
(b) チンダル現象
(c) 透析
(d) 電気泳動

③ **透析**(図 2.21 (c))　コロイド粒子に他の物質 (小さい分子やイオン) が混じった溶液を半透膜に入れて，流水中に放置すると，半透膜の中にコロイド粒子だけが残る．この操作を透析といい，コロイド溶液の精製に利用される．病院などで腎臓病患者に施されている人工透析も同じ原理である．本来，腎臓が行っている血液中の不純物 (老廃物，有毒物など) の除去を人工的に行うシステムになっている．

④ **電気泳動**(図 2.21 (d))　コロイド溶液に電圧をかけると，コロイド粒子は陽極または陰極に向かって移動する．これはコロイド粒子が正または負に帯電しているために起こる現象であり，この現象を電気泳動という．正コロイド粒子は陰極に，負コロイド粒子は陽極に向かって移動する．

コロイド分散系を利用した医薬品

軟膏，シロップ剤，ローション剤などの医薬品は，コロイド分散系を利用したものが多い．これらは，難溶性の粉末薬品を液中または固体中へ安定に分散させ，その状態を保持した医薬品である．ここでは，それらの医薬品の性質や調製法について簡単に述べる．

① **懸濁液 (サスペンション)**　固体粒子が液体中に分散したものが懸濁液であり，分散質がコロイド粒子の大きさのもの (コロイド分散系；1 nm 〜1 μm) とそれよりも大きな粒子のもの (粗大分散系；> 1 μm) がある．懸濁剤の多くは粗大分散系に分類されるが，コロイド分散に共通する性質をもつものが多い．

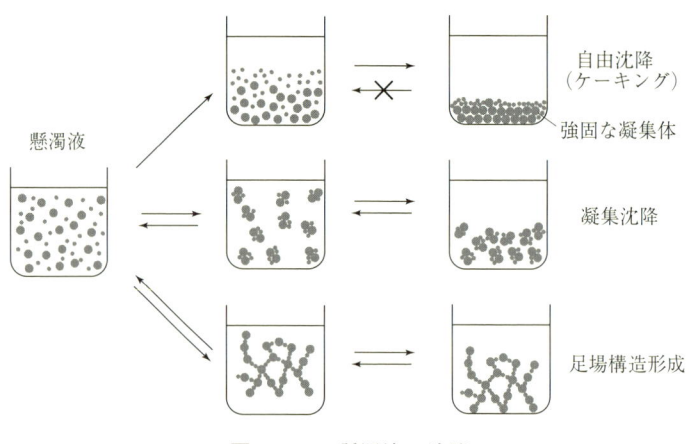

図 2.22 懸濁液の沈降

図 2.22 のように，懸濁液中の粒子が沈降するとき，粒子のまま沈降する場合 (自由沈降)，粒子が凝集体を形成して沈降する場合 (凝集沈降)，粒子間に足場構造を形成しながら沈降する場合 (足場構造形成) がある．

凝集沈降や足場構造形成では振とう (激しく振る) することにより，もとの懸濁状態に戻すことができるが，自由沈降では強固な凝集体が形成される (ケーキング) ため，再分散ができなくなる．したがって，懸濁剤では，ケーキングを避けるための工夫が必要であり，溶液の粘度を上げて懸濁状態を安定化させるような懸濁化剤が添加される．一般に，液体のイオン濃度が小さいと固体粒子が安定に均一に分散し，イオン濃度が大きいとケーキングが起こりやすい．

② **乳濁液 (エマルション)**　図 2.23 のように，水と油のような互いに混ざり合わない 2 つの液体のうち，一方が微細な液滴として他方へ分散しているものが乳濁液である．この状態は熱力学的に不安定であるため，液滴が分散媒の中で浮上あるいは沈降して分布に偏りが生じ (クリーミング)，

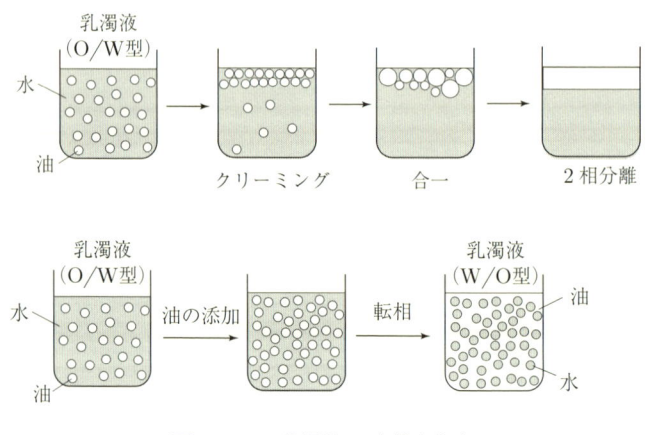

図 2.23 乳濁液の分離と転相

液滴どうしが凝集し，液滴が 1 つになって (合一)，やがて 2 相に分離する．これを避けるために，液滴−分散媒間の界面張力を低下させて液滴の凝集を阻止するような乳化剤が添加される．

　乳濁液には，外相 (分散媒，連続相) が水で，内相 (分散相，不連続相) が油の水中油型 (O/W 型) と，外相が油で，内相が水の油中水型 (W/O 型) がある．一般に，乳化剤が溶けやすい液体の方が外相になる傾向がある．つまり，親水性の乳化剤を用いると O/W 型乳濁液に，親油性の乳化剤を用いると W/O 型乳濁液になりやすい (バンクロフトの経験則)．また，乳化が不十分であると，内相の比率の増加に伴って，内相と外相が逆転する転相が起こる．

③ **マイクロカプセル**　　医薬品の微細な固体粒子や液体粒子を芯物質とし，これを高分子物質で被覆または内部に分散させたものをマイクロカプセルという．これにより，医薬品の安定化，味や臭いの改善，身体に取り込まれた後の放出の調節が可能になる．

　マイクロカプセルをつくる方法の 1 つにコアセルベーション法がある．これは，親水性の高分子コロイド溶液にアルコールなどの有機溶媒を加えると，脱水和が起こってコロイド粒子が凝集し，コロイドに富む相と乏しい相の 2 相に分離すること (コアセルベーション) を利用している．芯物質のまわりが高分子コロイドに富む相で覆われることによって，マイクロカプセルができる．

■注釈

　*1　電荷をもたない中性の原子や分子の間に働く引力をファンデルワールス力といい，粒子間の距離 r が短いほど強い ($1/r^6$ に比例する)．しかし，距離が近くなりすぎると，逆に反発する力 (斥力) が働くようになる．

　*2　定圧変化では，吸収した熱エネルギーは，内部エネルギー U の増加分 ΔU と体積変化による仕事量 $p\Delta V$ (圧力 p と体積増加分 ΔV の積) に配分される．このとき，$U + pV$ で定義されるエンタルピー H の変化量 ΔH は，系に出入りする熱量を表し，$\Delta H = \Delta U + p\Delta V$ となる．吸熱反応では $\Delta H > 0$，発熱反応では $\Delta H < 0$ となる．

　*3　薬物送達システム (DDS: drug delivery system) は，薬物の体内での動きを制御して治療の最適化を実現することを目的とした新しい薬物投与形態のことである．それには，薬物の放出制御 (速放性・徐放性)，吸収改善，標的指向化 (ターゲティング) などが重要である．リポソームは，DDS において薬物の運び屋として様々な検討がされている．

　*4　細胞膜をはじめとする生体膜は脂質二重膜でできていて，脂質の海の中にタンパク質が浮かぶように存在している．細胞膜には流動性があるが，細胞の外側と内側の環境をはっきりと隔てている．リポソームは人工的な脂質二重膜であり，生体膜の物理化学的特性を研究するモデル膜として広く活用されている．

*5 酸解離定数 K_a は，酸のプロトン H^+ の放出のしやすさを表す定数である (3.2 節参照)．K_a が大きいほど H^+ を放出しやすく，強い酸であるといえる．pK_a は，K_a の逆数の常用対数 ($\log(1/K_a) = -\log K_a$) の値である．酸や塩基は，水溶液の pH が pK_a(塩基の場合は，共役酸の pK_a) の値に近づくと，分子形とイオン形の存在比が大きく変化する．pH が低い場合には H^+ が結合するので，酸は分子形，塩基は正電荷をもつイオン形になる．逆に，pH が高い場合には H^+ が解離するので，酸は負電荷をもつイオン形，塩基は分子形になる．

*6 実際に等張化の計算をするときには，氷点降下法や食塩当量法を使うことが多い．氷点降下法は，体液の氷点降下度が 0.52℃ であることを利用している．医薬品溶液の氷点降下度はあらかじめわかっているので，それに合わせて溶液に加える等張化剤の量を計算する．食塩当量法も同様である．食塩当量とは，医薬品 1 g と同じ浸透圧を示す塩化ナトリウムの g 数である．医薬品の食塩当量はあらかじめわかっているので，0.9% に合わせて溶液に加える等張化剤の量を計算する．参考までに，0.9%NaCl 水溶液の浸透圧は，5%グルコース水溶液の浸透圧に等しい．

■演習問題

2.1 次の記述について，正誤を答えなさい．

(1) 電荷をもたない分子でも分子間には引力が働いていて，分子間の距離が小さいほど引力は大きい．
(2) 分子は 1 個 1 個が同じ大きさの熱エネルギーをもって運動している．
(3) 融解および蒸発は発熱反応である．
(4) 一定質量の気体の体積は，絶対温度に比例し，圧力に反比例する．
(5) 1 つの分子がもつ平均の運動エネルギーは絶対温度 T に依存し，$3k_BT/2$ (k_B はボルツマン定数) と表すことができる．
(6) モル濃度は，溶媒 1 L 中に含まれる溶質の量をモル数で表す．
(7) 水分子 H_2O は，水素 H がわずかに負電荷をもつ極性分子である．
(8) メタノールよりプロパノールの方が水に溶けやすい．
(9) 同じ温度における希薄水溶液と純水の蒸気圧は，純水の方が大きい．
(10) ミセルは疎水コロイド粒子である．

2.2 水の状態図と相平衡に関する記述のうち，誤っているもの選び，誤っているところを指摘しなさい．

(1) OA, OB, OC 曲線は，それぞれ融解曲線，昇華曲線，蒸発曲線を示している．
(2) 点 O では，固相，液相，気相が共存している．
(3) 水と氷が平衡状態にある系に圧力をかけると，水が凝固する．
(4) OA 曲線が負の勾配を示すことは，氷が水に浮くことと関係がある．
(5) 沸点で水が気化するとき，水 1 mol あたりのエントロピーは増大する．
(6) 水が硫化水素より沸点が高いのは，イオウ原子の方が酸素原子よりも水素結合形成能が強いことに起因している．

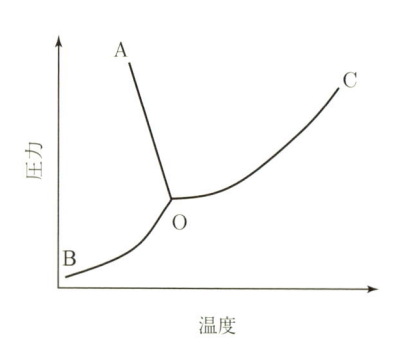

2.3 希薄溶液に関する次の記述の空欄をうめて，正しい文章にしなさい．

希薄溶液の束一的性質として，凝固点降下，浸透圧の変化，[①]，[②]があげられる．モル凝固点降下定数の値は，溶媒の種類によって[③]．モル濃度の等しいグルコース水溶液と NaCl 水溶液の凝固点降下度は，[④]．グルコース水溶液の浸透圧は，モル濃度 c，気体定数 R，絶対温度 T を用いて，[⑤]と表される．血液の浸透圧は[⑥]%NaCl 水溶液および[⑦]%グルコース水溶液の浸透圧と等しく，その氷点降下度は[⑧]°C である．

2.4 ピロカルピン塩酸塩 1%点眼剤を 100 mL 調製するとき，等張化に 0.66 g の食塩を必要とした．ピロカルピン塩酸塩 3%点眼剤を 100 mL 調製するとき，等張化に必要な食塩の量 (g) を答えなさい．

2.5 コロイド溶液に関する記述のうち，誤っているもの選び，誤っているところを指摘しなさい．

(1) 多量の電解質の添加により，親水コロイド粒子が凝析する現象を塩析という．
(2) コロイド粒子のブラウン運動は，コロイド粒子どうしの無秩序な衝突によって起こる．
(3) チンダル現象は，コロイド溶液では観測されるが，低分子物質溶液では観測されない．
(4) エマルション (乳濁液) では，液体の分散媒中に固体物質が微細な粒子として分散している．
(5) 親水コロイド溶液にエタノールを添加すると，コロイドに富む相と希薄な相に分離するコアセルベーションが起こる．
(6) ケーキングを起こしやすい懸濁剤は，分散媒の粘度を増大させることによって安定化できる．

3

物質の変化

3.1 化学平衡と反応速度

3.1.1 化学平衡の基礎

　化学反応式は，通常，左から右に進む反応を表しているが，実際の反応には，その逆向きの反応も起こっている場合もある．このとき，右向きの反応を正反応，左向きの反応を逆反応という．反応式の右向きにも左向きにも進む反応を可逆反応という．ここでは，可逆反応において起こる化学平衡について学ぶ．

(1) 可逆反応

　可逆反応において，正反応の進行速度と逆反応の進行速度が等しくなると，見かけ上，反応が停止しているように見える．このとき，反応はエネルギー的に最も安定していて，このような状態を化学平衡または平衡状態という．
　以下の反応を例に見てみよう．

$$CH_3COOH + C_2H_5OH \rightleftharpoons CH_3COOC_2H_5 + H_2O$$

この場合，反応物の酢酸とエタノールの物質量がそれぞれ 1/3 程度まで減少すると反応は止まってしまう．逆に，この反応式では生成物となっている酢酸エチルと水を反応させると，それぞれ 2/3 まで減少すると反応は停止する．これは，両方向の反応は同時に進行し得ることを示している．したがって，酢酸とエタノールの反応がある程度進行すると，生成物の濃度が上がり，逆反応の進行も高まってくるため，反応物の酢酸とエタノールが補われることになる．その結果，見かけ上，両方向の反応物の物質量に変化が見られなくなる状態に至る．つまり，「化学平衡は，正反応と逆反応の進む速度が等しくなった状態」になる．
　このような化学反応以外にも化学平衡の例はある．水溶液中での電解質の電離における分子形(電離していない分子)とイオン形(電離した分子)との間の電離平衡も化学平衡の1つである．次の反応式は代表的な弱酸の1つである

酢酸の電離平衡を示している.

$$CH_3COOH \rightleftarrows CH_3COO^- + H^+$$

また，溶液では，溶質が溶媒に溶け込む速度と溶媒から溶質が析出する速度が等しくなっていて，これも平衡状態の1つと考えることができ，これを溶解平衡という．化学平衡は，自然を支配している基本法則の1つであり，これにより自然界はエネルギー的に安定な状態を保っている．

ここで，下式で示される反応を例として，正反応と逆反応の進行速度について考えてみよう．可逆反応における正反応と逆反応の進行速度が等しい状況を

$$H_2 + I_2 \rightleftarrows 2HI$$

の反応について示すと図 3.1 のようになる.

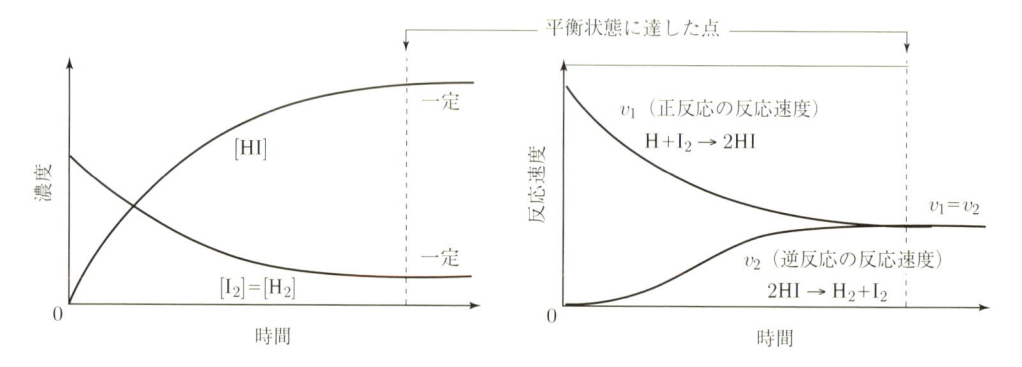

図 3.1 平衡状態に達する過程

時間の経過とともに正反応の反応物である水素 H_2 とヨウ素 I_2 の濃度は減少し，それとともに正反応の速度も低下してくる．一方，逆反応の速度は大きくなるが，これも時間の経過とともに抑えられ，ヨウ化水素 HI の濃度の増加も見られなくなる．つまり，時間経過とともに反応物の濃度は減少，生成物の濃度は増加するが，これらの変化は徐々に抑えられ，いずれどちらの変化も見られない平衡状態となる．

反応の進む速度は，反応物の濃度に比例するため，正反応の反応速度 v_1 は

$$v_1 = k_1[H_2][I_2]$$

と表せる．ここで，k は比例定数である．k についての詳細は後で述べる．

逆反応の反応速度 v_2 も同様に

$$v_2 = k_2[HI][HI] = k_2[HI]^2$$

と表すことができる．このとき，平衡状態では，$v_1 = v_2$ より，以下の関係

$$k_1[H_2][I_2] = k_2[HI]^2$$

が成り立つことになる．上式を変形すると
$$\frac{[\mathrm{HI}]^2}{[\mathrm{H}_2][\mathrm{I}_2]} = \frac{k_1}{k_2}$$
となる．ここで，k_1, k_2 は定数であるため，k_1/k_2 は一定の値を示すことになる．これを平衡定数 K といい，「反応温度が変わらなければ，この値は反応物の濃度に関係なく一定の値」となる．

これらのことを一般化すると
$$a\mathrm{A} + b\mathrm{B} \rightleftharpoons c\mathrm{C} + d\mathrm{D}$$
となる．ただし，a, b, c, d は反応式の係数，A, B, C, D は化学物質とする．上式で表される可逆反応が平衡状態に達したとき，反応物と生成物の濃度には次式の関係
$$K = \frac{[\mathrm{C}]^c[\mathrm{D}]^d}{[\mathrm{A}]^a[\mathrm{B}]^b}$$
が成り立つ．ただし，[A], [B], [C], [D] は，それぞれの物質のモル濃度とする．これを化学平衡の法則または質量作用の法則という．ここで，「質量」とは mass の訳の 1 つであるが，ここでは「量」を意味している．

さらに，正確に言うと，化学反応式における各物質の係数 ($a\mathrm{A} + b\mathrm{B}$ などの a や b) とその反応速度を表す式中の各物質濃度のべき乗 ($[\mathrm{A}]^a[\mathrm{B}]^b$ の a や b) は必ずしも一致しない．しかし，反応を大きくとらえて考える際には，一般的に両者はほぼ等しくなると考え，上記に示したように，反応式における物質 A の係数が a であれば，K を求める式では $[\mathrm{A}]^a$ が用いられる．

平衡定数の求め方の例題を以下に示す．

[例題 3.1]　1.0 L の容積の容器に水素 H_2 とヨウ素 I_2 を 2 mol ずつ入れ，ある温度に保ったところ，ヨウ化水素 HI が 3.2 mol 生じて平衡状態となった．この温度における可逆反応の平衡定数はいくらか．

[解]　HI が 3.2 mol 生成したということは，H_2 と I_2 はそれぞれ 1.6 mol ずつ反応したことを示している．つまり，平衡状態において，未反応の H_2 と I_2 がそれぞれ 0.4 mol ずつ残っていることになる．そのため，$[\mathrm{H}_2] = 0.4$ mol/L, $[\mathrm{I}_2] = 0.4$ mol/L, $[\mathrm{HI}] = 3.2$ mol/L となる．したがって，平衡定数 K は
$$K = \frac{[\mathrm{HI}]^2}{[\mathrm{H}_2][\mathrm{I}_2]} = \frac{3.2^2}{0.4 \times 0.4} = 64$$
となる． □

(2)　不可逆反応

通常，化学反応の生成物中にはごく微量の反応物が混じっていて，基本的に反応は可逆である．しかし，平衡が極端に正反応に偏っている場合は，混入している反応物を確認するのが困難となり，実質的に正反応のみが進行してい

ると考える.反応式の正反応のみしか起こらない化学反応のことを不可逆反応という.不可逆反応の例として,硫酸銅 (II) 水溶液に亜鉛を添加した場合がある.

$$CuSO_4 + Zn \longrightarrow Cu + ZnSO_4$$

この反応では,加えた Zn はほとんど溶けてしまい,逆反応はほとんど観察されない.

3.1.2 化学平衡の移動

可逆反応が平衡状態にあるとき,濃度,温度,圧力などの反応条件を変化させると一時的にその平衡状態は崩れてしまう.しかし,すぐに正反応または逆反応が進行し,新しい反応条件に対応した平衡状態に達する.この現象を化学平衡の移動または単に平衡移動という.正反応が進行することを「反応が右に移動する」,逆反応が進行することを「反応が左に移動する」という.

(1) 濃度変化と平衡定数

可逆反応 $H_2 + I_2 \rightleftarrows 2HI$ において濃度を変化させた場合について考えてみる.温度,圧力を一定に保ちながら,H_2 を外から添加すると [H_2] が高くなり,平衡状態ではなくなる.しかし,正反応の進行速度が高まり,[H_2], [I_2] が減少し,[HI] は高まる.時間とともに正反応と逆反応の進行速度は等しくなり,再び新しい条件下における平衡状態に達する (図 3.2).このことは,平衡定数

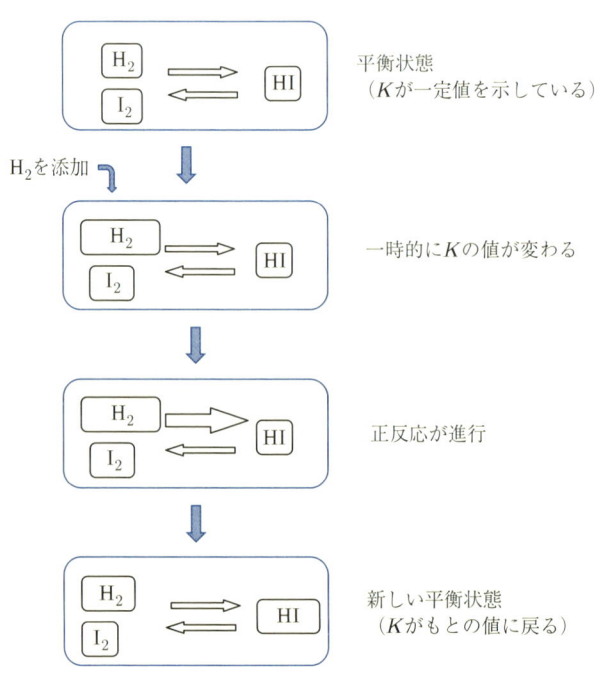

図 **3.2** 濃度変化と平衡移動

K を求める式 $\dfrac{[\mathrm{HI}]^2}{[\mathrm{H_2}][\mathrm{I_2}]}$ からも理解できる．濃度以外の条件が同じであれば，K は変わらない．したがって，分母の $[\mathrm{H_2}]$ が大きくなれば，分母の値は小さく，逆に分子の値は大きくなるように正反応が進行し，K が一定に保たれる．

このように，平衡状態にある反応混合物に，外部から成分の一部を添加すると，その成分の濃度が減少する方向に，逆に成分の一部を除くと，その濃度が増加する方向に平衡移動が起こる．

（2）圧力変化と平衡定数

可逆反応 $2\mathrm{NO_2} \rightleftarrows \mathrm{N_2O_4}$ において圧力を変化させた場合について考えてみる．常温で，二酸化窒素 $\mathrm{NO_2}$ は赤褐色の気体，四酸化二窒素 $\mathrm{N_2O_4}$ は無色の気体である．温度を一定に保ち，これらの気体を注射器に入れ，加圧すると，瞬間的に混合気体は濃縮されて赤褐色が強くなるが，徐々に色が薄らいでくる．これは，赤褐色の $\mathrm{NO_2}$ の分子数が減少し，無色の $\mathrm{N_2O_4}$ の分子数が増えたことを意味している．つまり，圧力が増加した結果，これを緩和しようとして，気体分子の数が減るように右方向への平衡移動が起きたのである．逆に減圧すると，瞬間的に混合気体の色は薄くなるが，徐々に平衡は左に傾き，その色は濃くなっていく (図 3.3)．

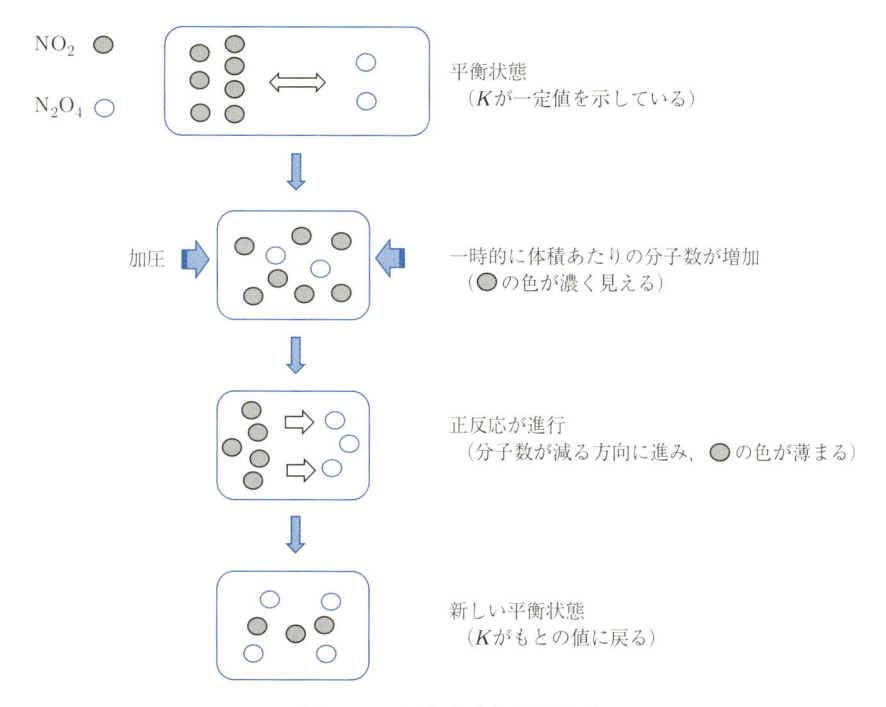

図 3.3 圧力変化と平衡移動

なお，図の分子数は実際の反応を正確に表しているわけではない．

このように，平衡状態にある気体の混合物の圧力を増加させたときは気体分子の総数が減る方向に，圧力を減少させたときはその総数が増える方向に平衡移動は起こる．したがって，反応の係数から気体の個数を比較すれば，圧力変化によって平衡がどちらに移動するかはわかる．ただし，上述した $H_2 + I_2 \rightleftarrows 2HI$ のように，反応の前後で気体分子の数が変わらない場合や気体を含まない反応では，圧力変化による平衡移動は見られない．

平衡定数 $K = \dfrac{[N_2O_4]}{[NO_2]^2}$ からも平衡移動は理解できる．加圧して気体の体積を半分にして全体の圧力を2倍にすると，NO_2 の濃度も N_2O_4 の濃度も2倍の値を示すことになる．これは，K の値が半分の数値になることを意味している．したがって，右向きの反応進行による NO_2 分子数の減少，N_2O_4 分子数が増加で新しい平衡状態となり，K は一定に保たれることがわかる．

（3）温度変化と平衡定数

(2) で説明した可逆反応を熱化学方程式で表してみると

$$2NO_2(気) = N_2O_4(気) + 57.2 \text{ kJ}$$

となる．上式からわかるように，正反応は発熱反応であり，逆反応は吸熱反応になる．ここで，図3.4のように，平衡状態にある NO_2 と N_2O_4 の混合気体を，一定の圧力下で加熱すると，逆反応が進行する．これは，反応による温度の上昇がなるべく小さくなる方向に変化する，つまり吸熱反応が進むことを意味している．その結果，気体の色が濃くなる（NO_2 の割合増加，N_2O_4 の割合減少）．逆に，一定の圧力下で冷却すると，気体の色が薄くなっていく（NO_2 の割合減少，N_2O_4 の割合増加）．

平衡定数 K は，温度が一定であれば変わらないが，反応の温度を変えると変化する．この例からもわかるように，発熱反応では温度を上げると生成物の濃度が減少する方向に平衡が傾くため，K は小さくなる．一方，吸熱反応では生成物の濃度が高くなるため，K は大きくなる．

以上をまとめると，ある物質の濃度を減少させた場合はその濃度が増加する方向に，逆にある物質の濃度を増加させた場合はその濃度を減少させる方向に

なお，図の分子数は実際の反応を正確に表しているわけではない．

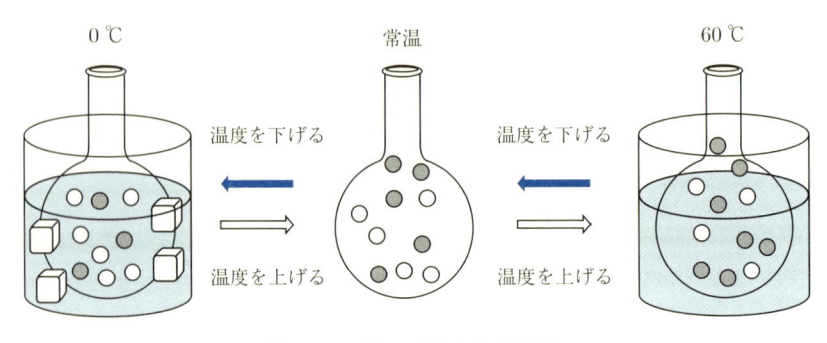

図3.4 温度変化と平衡移動

平衡が移動する．気体の反応では，加圧すると気体の個数が少ない方向に，減圧すると気体の個数が多くなる方向に平衡は移動する．また，冷却すると発熱する方向に，加熱すると吸熱する方向に平衡は移動する．この温度変化による平衡移動の場合は，注目している反応が発熱反応なのか吸熱反応なのかを考えると移動の方向はわかりやすい．つまり，温度を下げると，発熱反応であれば正反応方向に，吸熱反応であれば逆反応方向に平衡は移動する (表 3.1)．

表 3.1　平衡移動の原理

条件の変化		平衡移動の方向	
濃度	増加	濃度を減少させる方向	反応物質の一部を添加→右へ移動
	減少	濃度を増加させる方向	生成物質の一部を除去→右へ移動
圧力 (気体)	増加	圧力を減少させる方向	加圧→右へ移動
	減少	圧力を増加させる方向	減圧→左へ移動
温度	上昇	吸熱反応の方向	加熱→左へ移動
	下降	発熱反応の方向	冷却→右へ移動

1884 年，フランスのルシャトリエは，平衡移動について，「可逆反応が平衡状態にあるとき，温度，濃度，圧力などの条件を変化させると，その変化により生じる影響を減少させる方向に平衡が移動し，新しい平衡状態になる」と発表した．つまり，「平衡状態にある可逆反応の平衡は，外部から，濃度，圧力，温度を変化させると，その影響を打ち消す方向へ移動する」という原理である．これをルシャトリエの原理または平衡移動の原理という．

3.1.3　反応速度の基礎

化学反応には，ゆっくりと進行するものから瞬時に進行するものなど，いろいろな速度で起こるものがある．また，同じ反応でも条件を変えるとその速度も変化する．化学反応の進行する速度のことを反応速度という．一般に，反応速度は，単位時間に減少する反応物質の濃度，または生成してくる生成物質の濃度の変化で表される．すなわち

$$反応速度 = -\frac{反応物の濃度変化}{変化に要した時間} = \frac{生成物の濃度変化}{変化に要した時間}$$

となる．

反応物の濃度は，時間とともに減少するためマイナスの値となる．負の速度というのはおかしく，これをプラスの値にするため，式の頭に $-$ 符号をつける．生成物の濃度に注目すればプラスの値となるが，一般には反応物に注目して表す．濃度の単位は，通常，モル濃度 (mol/L，mol/dm^3) で表す．また，反応速度の単位は mol/(L·s)，mol/(dm^3·s) で表す．

反応速度はある時間内における平均として表すことができる．例えば，ある時刻 t_1 から t_2 の間に反応物の濃度が $[A]_1$ から $[A]_2$ に減少した場合で考えて

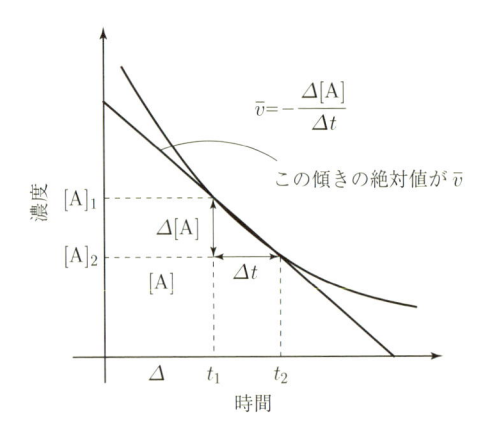

図 3.5　濃度と反応速度

みる (図 3.5). このときの反応速度の平均 $\bar{v}$ (mol/(L·s)) は，単位時間あたりの A の平均濃度変化

$$\bar{v} = -\frac{[A]_2 - [A]_1}{t_2 - t_1} = -\frac{\Delta [A]}{\Delta t}$$

として表すことができる．この $\bar{v}$ は，どの時間における濃度変化なのかによって変わってくる．

そこで，一般に Δt を十分に小さくとることで，ある時刻における速度，つまり瞬間的な反応速度 v を表すことができる．したがって

$$v = -\frac{d[A]}{dt}$$

と微分すればよい．

次に，反応 A→2B について考えてみる．A の減少に注目して反応速度を表すと $-\dfrac{d[A]}{dt}$ となり，B の増加に注目して表すと $\dfrac{d[B]}{dt}$ となる．ここで，[A] の変化が 1 mol/L とすると，同じ時間における [B] の変化は 2 mol/L になる．つまり，同じ反応でありながら，注目する物質によって速度が違ってくることになってしまう．したがって，ある反応の反応速度を決めるときには，化学反応式の係数を考慮して表す必要がある．この場合は

$$v = -\frac{d[A]}{dt} = \frac{1}{2}\frac{d[B]}{dt}$$

としなければならない．

このように，反応速度は，物質の濃度変化に注目して表すことができる．ただし，微分式では具体的な化学反応をイメージするのはなかなか難しい．実際の反応というのは，分子と分子が衝突して，新たな生成物分子ができている．この衝突の機会が多いほど，化学反応の進行が速くなると考えるとわかりやすい．つまり反応物の濃度が高いほど，衝突の頻度も高くなることになる (図 3.6). このことは，「反応速度は反応物の濃度と比例する」ことを意味している．

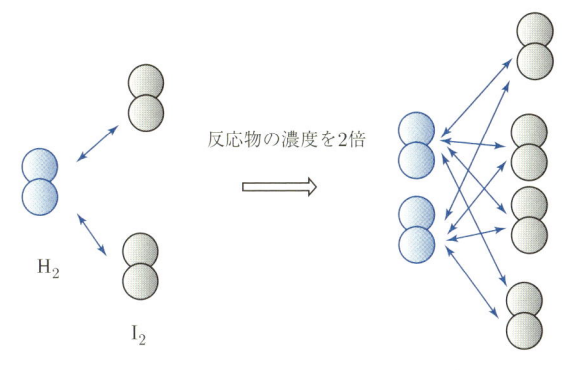

図 3.6 濃度と衝突
H$_2$ 1 分子あたりの I$_2$ 分子との衝突頻度は 4 倍になり，反応速度も 4 倍になる．

反応速度に及ぼす濃度の影響は，気体反応においても同様であるが，この場合，濃度の代わりにその分圧で考えることもできる．気体の場合，圧力が 2 倍になると，体積は半分になるため，その中に存在している気体分子の濃度は 2 倍に増加することになる．つまり，気体反応では，分圧が大きいほど反応速度も大きくなるといえる (図 3.7)．

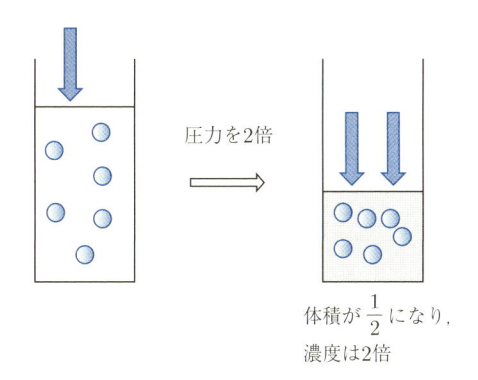

図 3.7 濃度と分圧

以下の反応について考えてみる．

$$H_2 + I_2 \longrightarrow 2HI$$

反応物の水素に注目して，反応速度を考えると $-\dfrac{d[H_2]}{dt}$ となる．この速度は，反応物の濃度に比例することから

$$-\frac{d[H_2]}{dt} = k[H_2][I_2]$$

で表すことができる．ここで，k は比例定数で，一定の温度では反応物の濃度には影響を受けない値になり反応速度定数という．この反応の場合，I$_2$ は H$_2$ と同じ物質量反応するため，I$_2$ の消費量は H$_2$ と等しくなり

$$-\frac{d[\mathrm{H_2}]}{dt} = -\frac{d[\mathrm{I_2}]}{dt}$$

と表してもよい．これに対して，生成物の HI の濃度に注目すると，1 回の反応ごとに 2 分子の HI を生成するため，生成物が生成する速度は，反応物が消費される速度の 2 倍の値になってしまう．このように，反応物と生成物の化学反応式における係数が異なると，反応速度を反応物と生成物のどちらで求めるかによって値が異なってくる．したがって，反応速度の見積もりには

$$-\frac{d[\mathrm{H_2}]}{dt} = -\frac{d[\mathrm{I_2}]}{dt} = \frac{1}{2}\frac{d[\mathrm{HI}]}{dt} = k[\mathrm{H_2}][\mathrm{I_2}]$$

のように，反応物の消費速度や生成物の生成速度を反応式の係数で割ったものを用いる．

これらを一般化すると

$$a\mathrm{A} + b\mathrm{B} + c\mathrm{C} + \cdots \longrightarrow 生成物$$

という化学反応では

$$v = k[\mathrm{A}]^a[\mathrm{B}]^b[\mathrm{C}]^c \cdots$$

と表すことができる．ただし，a, b, c は係数，A, B, C は反応物 (化学式) とする．このとき，$a + b + c + \cdots$ の値を**反応の次数**という．

例えば，$\mathrm{H_2} + \mathrm{I_2} \to 2\mathrm{HI}$ の反応速度式は

$$v = k[\mathrm{H_2}][\mathrm{I_2}]$$

となるため，次数 $1 + 1 = 2$ であり，この反応は **2 次反応**という．
また，反応式 $2\mathrm{N_2O_5} \to 4\mathrm{NO_2} + \mathrm{O_2}$ の場合

$$v = -\frac{d[\mathrm{N_2O_5}]}{dt} = k[\mathrm{N_2O_5}]$$

となり，次数は 1 となるため，**1 次反応**という．また，反応が反応物の濃度に関係なく進行する場合は，反応速度式の反応次数は 0 となり，**0 次反応**とよばれる．

前述したように，反応速度は反応物の濃度が高いほど速くなる．そのため，時間の経過とともに反応物濃度が低下してくると，速度は遅くなってくる．t 時間後の反応速度 v は，そのときの反応物濃度 C の n 乗の指数関数として

$$v = -\frac{dC}{dt} = kC^n$$

と表される．上式から明らかなように，反応物の濃度を 2 倍にすると，1 次反応では速度も 2 倍になり，2 次反応では 4 倍になる．つまり，ある反応の速度が，反応する成分の n 乗に比例するとき，**n 次反応**とよばれる．

以下では，いろいろな反応次数の反応速度式をもう少し詳しく見てみる．

3.1.4 様々な反応次数の反応速度式

(1) 0次反応

反応速度が反応物の濃度 C に関係なく一定の速度で生成物ができる場合，指数 n は 0 になり，反応速度は

$$v = -\frac{dC}{dt} = kC^0 = k$$

で表される．上式を変形，積分し，反応開始時 ($t=0$) の反応物濃度を C_0 とすると

$$C = -kt + C_0$$

が得られる．上式を変形すると

$$k = \frac{C_0 - C}{t}$$

となり，k の次元は (濃度・時間$^{-1}$) となることがわかる．初濃度が半減するまでに要する時間を半減期といい，$t_{1/2}$ で表すとすると

$$t_{\frac{1}{2}} = \frac{C_0 - \dfrac{C_0}{2}}{k} = \frac{C_0}{2k}$$

となる．したがって，上式より，「0次反応では $t_{1/2}$ は初濃度 C_0 に比例する」ことがわかる (図 3.8)．

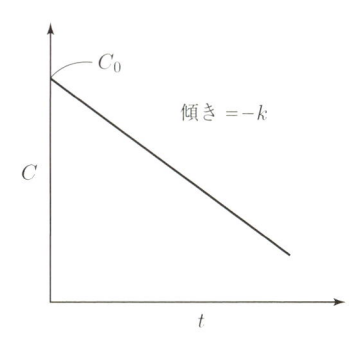

図 3.8　0 次反応

(2) 1次反応

1次反応の反応速度式は

$$v = -\frac{dC}{dt} = kC$$

で表される．上式を変形，積分し，初濃度を C_0 とすると，自然対数 ln を用いて表される式

$$\ln C = -kt + \ln C_0$$

が得られる．上式を変形すると

$$k = \frac{1}{t} \ln \frac{C_0}{C}$$

となり，k の次元は (時間 $^{-1}$) となることがわかる．また，半減期 $t_{1/2}$ は

$$t_{\frac{1}{2}} = \frac{\ln 2}{k} = \frac{0.693}{k}$$

となる．したがって，上式より，「1 次反応では $t_{1/2}$ は濃度と無関係である」ことがわかる (図 3.9).

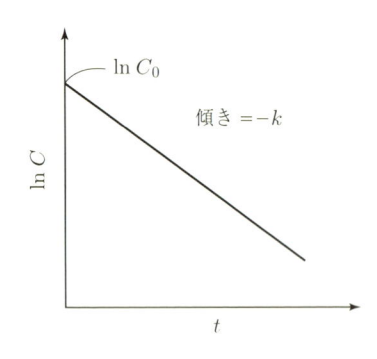

図 3.9 1 次反応

(3) 2 次反応

2 次反応には反応物の種類が異なる場合と 1 種類の反応物どうしが反応する場合で，反応速度式は異なってくるが，前者において異なる反応物の初濃度が等しいと仮定すると同じ式で表すことができる．ここでは，この基本的な式について以下に示す．2 次反応の反応速度式は

$$v = -\frac{dC}{dt} = kC^2$$

で表される．上式を変形，積分し，初濃度を C_0 とすると

$$\frac{1}{C} = kt + \frac{1}{C_0}$$

が得られる．上式から半減期 $t_{1/2}$ は

$$t_{\frac{1}{2}} = \frac{1}{kC_0}$$

となり，k の次元は (時間 $^{-1}$・濃度 $^{-1}$) となることがわかる．したがって，上式より，「2 次反応では $t_{1/2}$ は初濃度 C_0 に反比例する」ことがわかる (図 3.10).

反応にはいくつかの段階が組み合わさって進行するものがあり，複数の段階からなる反応を複合反応といい，個々の反応段階を素反応という．複合反応において，特に進行が遅い素反応があると，その速度が全体の反応の速度を決めてしまうことになる．このような反応のことを律速段階という．このように複雑な反応過程をとる場合，化学式の係数の合計値と反応の次数は必ずしも一致しない．そのため，実際の反応次数は，実験によって求める必要がある．

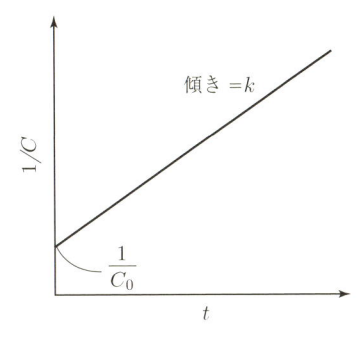

図 3.10　2 次反応

(4) 反応速度に影響する因子

　一般に,「反応速度は, 温度の上昇とともに増大する」と言われている. これは反応速度定数の増大として反映される. 通常, 温度が 10 K 上昇すると, 反応速度定数 k は 2〜4 倍大きくなることが知られている. 化学反応は, 反応物が活性化されて反応しやすいエネルギーの高い状態に達することで進行する. この活性化された状態を**活性化状態**または**遷移状態**といい, この状態に達するために必要なエネルギーを**活性化エネルギー**という (図 3.11). これ以上のエネルギーを獲得したとき, 化学反応が起こるわけである. つまり, 他の条件が等しければ, 活性化エネルギーの大きい反応ほど乗り越える山が高いため起こりにくく, 一方, 小さい反応ほど山が低いため起こりやすいといえる. 温度の上昇は, 反応物に運動エネルギーを与えることで, 活性化状態 (遷移状態) になる分子の割合を増加させていることを意味している. その結果, 反応速度定数が大きくなり, 反応速度が増大する.

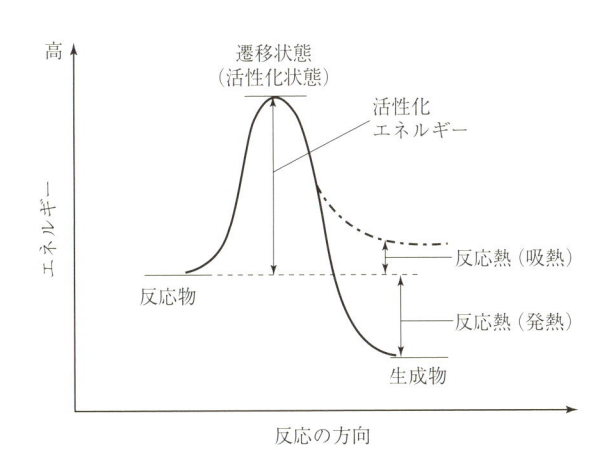

図 3.11　遷移状態と活性化エネルギー

反応速度と温度の関係は，実験によって求められた**アレニウスの式**
$$k = Ae^{-\frac{E}{RT}}$$
で表される．ただし，E は活性化エネルギー，A は頻度因子，R は気体定数，T は絶対温度とする．上式の両辺の対数をとると
$$\ln k = -\frac{E}{RT} + \ln A$$
となる．上式を用いて，$\ln k$ と $1/T$ をプロットしてグラフを描くと，右下がりの直線となる (**アレニウスプロット**，図 3.12)．この直線の傾き $-E/RT$ より，活性化エネルギーを求めることができる．

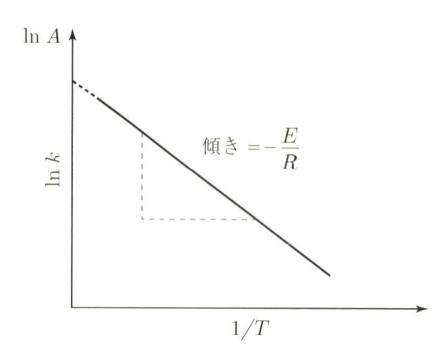

図 3.12 アレニウスプロット

また，切片 $\ln A$ より，頻度因子が求められる．**頻度因子**とは，反応に有効な分子の衝突数である．さらに，$e^{-\frac{E}{RT}}$ は，活性化エネルギーよりも大きなエネルギーをもつ分子の割合である．したがって，アレニウスの式は，活性化エネルギー以上のエネルギーをもった反応物分子の有効な衝突によって反応速度が決まることを示している．

(5) 反応速度と触媒

反応系に少量添加することで，その化学反応の反応速度を大きくする物質を**触媒**という．触媒自体は反応の前後で化学的に変化したり，消費されたりはしない．例えば，低温における過酸化水素 H_2O_2 の分解は極めて遅い反応であるが，Fe^{3+} を少量加えると，この分解反応は急速に進む．また，同じ反応において酸化マンガン (Ⅳ) MnO_2 も同様に分解を促進する．前者のように溶液中でイオンが反応物と均一に混じって作用するような触媒を**均一触媒**といい，後者のように固体状態の物質が反応物と均一に混合せずに作用する触媒を**不均一触媒**という．

触媒の働きは，その存在によって新しい反応経路に導き，異なる活性化状態を介して反応を進めるところにある．通常，触媒は活性化エネルギーを小さくして反応速度を増大させるものであり，**正触媒** (図 3.13) という．また，活性化エネルギーを大きくして反応速度を低下させる例もあり，これを**負触媒**という．

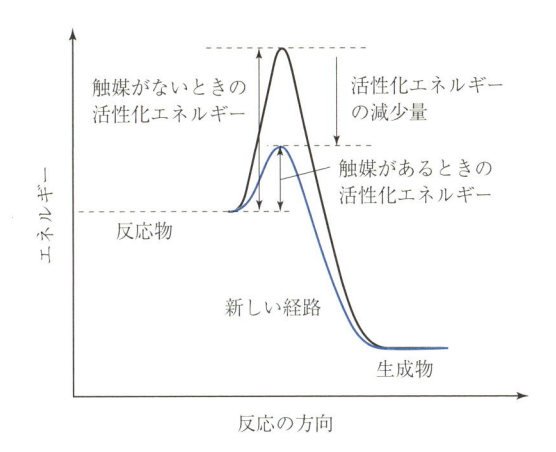

図 3.13　触媒と活性化エネルギー

　固体触媒を用いた反応を例に触媒の役割を示す (図 3.14)．反応物は，触媒の表面に吸着して反応中間体を形成する．この中間体は，反応の進行に必要な活性化エネルギーが少ない別の経路を通って反応するため，反応速度は増大する．このとき，反応物と生成物のエネルギー状態の差は，通常の反応経路の場合と変わらないため，反応熱自体は変わらない．

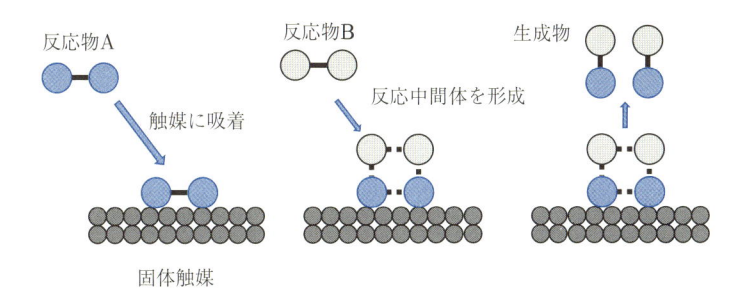

図 3.14　固体触媒の役割

3.2　酸と塩基の反応

3.2.1　酸と塩基の定義

　一般には，塩酸や酢酸などの水溶液が示す性質を酸性，セッケン水やアンモニアなどが示す性質を塩基性といっている．そこで，まず水について考えてみよう．

　水溶液中では，2 個の水分子が水素結合を形成して，図 3.15 のような解離平衡状態にある．

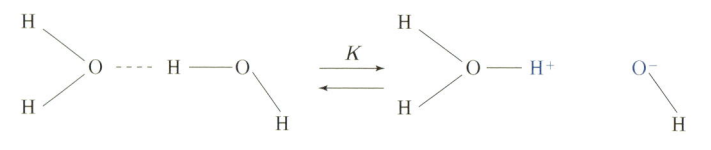

図 3.15　水の自己解離

この平衡は

$$2H_2O \rightleftharpoons H_3O^+ + OH^- \tag{3.1}$$

と表すことができるが，一般に，簡単のために H_3O^+ は H^+（プロトン）と書く．式 (3.1) の平衡関係式を

$$K = \frac{[H_3O^+][OH^-]}{[H_2O][H_2O]} = \frac{[H_3O^+][OH^-]}{[H_2O]^2}$$

$$\therefore [H_3O^+][OH^-] = [H_2O]^2 K$$

と書く．このとき，水の濃度 $[H_2O]$ は一定[*1]であるので，平衡定数 K と一緒にして，新しく

$$K_w = [H_2O]^2 K = [H_3O^+][OH^-]$$

を定義する．このとき，K_w を水のイオン積という．これは，温度が一定ならば一定の数値を表す定数であり，25°C では，K_w は 1.0×10^{-14} である．

　酸と塩基の定義については，古くはアレニウスが「酸とは水に溶けて H^+ を出す物質」と定義したが，その後，この定義に当てはまらないものも多くなってきたため，ブレンステッドによって「酸とは相手に H^+ を与える物質，塩基とは H^+ を受け取る物質である」と定義し直された．現在では，孤立電子対を用いて説明する，より厳密なルイスの定義が用いられている．しかし，ここでは，わかりやすいブレンステッドの定義を使って説明する．

　水溶液の酸性・塩基性は，水溶液中の $[H^+]$ で表され，通常 pH ($= -\log[H^+]$) あるいは pOH ($= -\log[OH^-]$) を酸性・塩基性の指標として用いている（図 3.16）．

　したがって，溶液が中性となるとき，すなわち $[H^+]$ と $[OH^-]$ が等しくなる場合には，pH = pOH = 7.0 として表される．

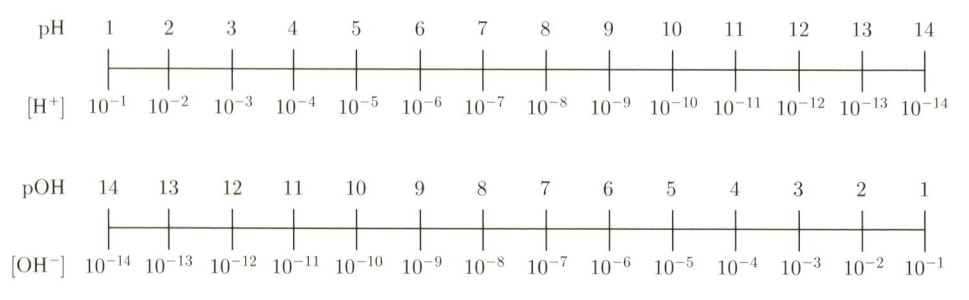

図 3.16　pH と pOH の関係

3.2 酸と塩基の反応

塩酸 HCl 水溶液の場合，水溶液中ではほとんどの HCl 分子が H^+ と Cl^- に解離していて，0.01 mol/L の HCl からは 0.01 mol/L の $[H^+]$ が出てくる．このような酸を**強酸**という．これがもし硝酸 HNO_3 の場合でも，0.01 mol/L の HNO_3 からは 0.01 mol/L の $[H^+]$ が出てくることになり，水溶液中では強酸であればどのような酸でも，価数が同じならば酸の強さは変わらないことになる．これを酸の**水平化効果**という．

一方，酢酸 CH_3COOH は水溶液中で

$$CH_3COOH + H_2O \xrightleftharpoons{K} CH_3COO^- + H_3O^+ \tag{3.2}$$

の平衡にある．このとき，CH_3COOH は，H^+ を放出する酸であり，CH_3COO^- は H^+ を受け入れる塩基である．このような関係を**共役酸塩基**という (図 3.17)．CH_3COOH は，**弱酸** (完全には解離しない酸) であり，1 つの塩基を生成する．高校化学ではこのような酸を 1 価の弱酸といっているが，これからはより厳密に**一塩基弱酸**という．2 つ以上の塩基を生成する酸を**多塩基酸**といい，例えば H_2CO_3 は二塩基弱酸である．

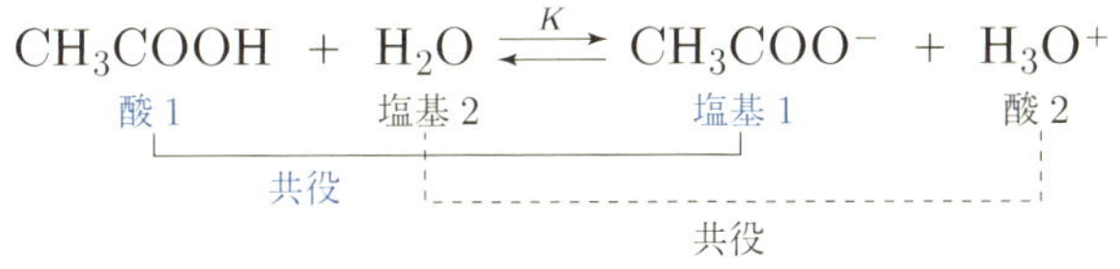

$$CH_3COOH + H_2O \xrightleftharpoons{K} CH_3COO^- + H_3O^+$$
$$\text{酸 1} \qquad \text{塩基 2} \qquad \text{塩基 1} \qquad \text{酸 2}$$

図 3.17 共役酸塩基

式 (3.2) の平衡において平衡定数 K は

$$K = \frac{[CH_3COO^-][H_3O^+]}{[CH_3COOH][H_2O]} \tag{3.3}$$

で表される．ここで，前と同様に $[H_2O]$ は一定とみなせるので，$K[H_2O] = K_a$ として

$$K_a = K[H_2O] = \frac{[CH_3COO^-][H^+]}{[CH_3COOH]} \tag{3.4}$$

と定義し，K_a を**酸解離定数**という．

また，pH と同様に，$pK_a = -\log K_a$ と定義する．このとき

$$\underset{\text{分子形}}{CH_3COOH} + H_2O \xrightleftharpoons{K} \underset{\text{イオン形}}{CH_3COO^-} + H_3O^+$$

が成り立ち，CH_3COOH を**分子形**，CH_3COO^- を**イオン形**という．ここで，式 (3.4) の両辺の対数をとると

$$pH = pK_a + \log \frac{[CH_3COO^-]}{[CH_3COOH]}$$

となる．この式を**ヘンダーソン-ハッセルバルヒの式** (Henderson-Hasselbalch) といい，様々な pH における分子形とイオン形の比を表すことができる重要な式である．

逆に，共役塩基である CH_3COO^- に関しては

$$\underset{\text{イオン形}}{CH_3COO^-} + H_2O \underset{}{\overset{K}{\rightleftharpoons}} \underset{\text{分子形}}{CH_3COOH} + OH^-$$

が成り立つ．したがって

$$CH_3COO^- + H_2O \overset{K_b}{\rightleftharpoons} CH_3COOH + OH^-$$

であり，同様に，**塩基解離定数**

$$K_b = \frac{[CH_3COOH][OH^-]}{[CH_3COO^-]}$$

を定義し，$pK_b = -\log K_b$ として表す．

このとき，上の2つの式を掛け合わせると

$$K_a \times K_b = \frac{[CH_3COO^-][H^+]}{[CH_3COOH]} \times \frac{[CH_3COOH][OH^-]}{[CH_3COO^-]}$$
$$= [H^+][OH^-] = K_w$$

となり，共役酸塩基の間には

$$K_a \times K_b = K_w, \qquad pK_a + pK_b = pK_w = 14$$

が成り立つ．したがって，K_a が大きいほど，また，pK_a が小さいほど強い酸である．一方，K_b が大きいほど，また pK_b が小さいほど強い塩基である．

ある一塩基弱酸 (HA) ($pK_a = 4$) を考える．HA の解離平衡は

$$HA \overset{K_a}{\rightleftharpoons} H^+ + A^-$$

となり

$$pH = pK_a + \log \frac{[A^-]}{[HA]}$$

が成り立つ．このとき，どの程度の割合が解離しているかを表すために電離度 α を定義する．α は

$$\alpha = \frac{[A^-]}{[HA] + [A^-]}$$

で表される．ここで，α はイオン形 A^- の**モル分率**であり，分子形 HA のモル分率は $1 - \alpha$ で表される．HA の様々な pH における分子形 (黒)，イオン形 (青) のモル分率をヘンダーソン-ハッセルバルヒの式を用いて計算したものを図 3.18 に示す．この図から，モル分率が 0.5，すなわち $[HA] = [A^-]$ である pH (pK_a) は 4 であることがわかる．

3.2 酸と塩基の反応

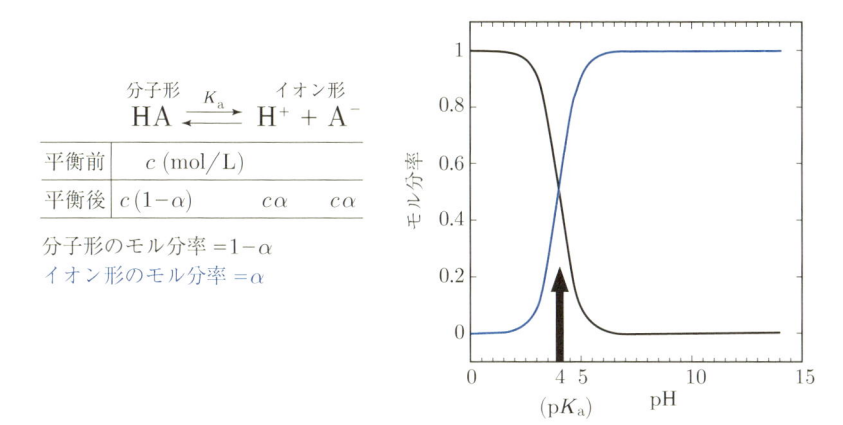

図 3.18 分子形，イオン形のモル分率

3.2.2 水素イオン濃度と pH

（1） 強酸，強塩基の pH

強酸の場合には，前述のように 100% 解離する．したがって，濃度 c (mol/L) の強酸の pH は近似的に pH $= -\log[\mathrm{H}^+] = -\log c$ で表される．

では，濃度 c が 10^{-7} mol/L の場合に，pH は 7 (中性) になるのだろうか？ そんなはずはない．以下でみてみよう．

濃度 c が十分に小さい場合には，水の解離平衡の影響を考える必要が出てくる．この水溶液中では

$$\mathrm{HCl} \longrightarrow \mathrm{H}^+ + \mathrm{Cl}^- \tag{3.5}$$

$$\mathrm{H_2O} \rightleftharpoons \mathrm{H}^+ + \mathrm{OH}^- \tag{3.6}$$

が成り立っている．したがって，H^+ が多いと，ルシャトリエの原理により，上式の平衡が左に進むことになる．水溶液中では，電荷をもったイオンの電気的なバランスがとれているため，正の電荷をもつイオン濃度と負の電荷をもつイオン濃度が等しくなる．すなわち

$$[\mathrm{H}^+] = [\mathrm{Cl}^-] + [\mathrm{OH}^-]$$

が成り立つ．一方で，水のイオン積 $[\mathrm{H}^+][\mathrm{OH}^-] = K_\mathrm{w}$ から

$$[\mathrm{H}^+]^2 - [\mathrm{Cl}^-][\mathrm{H}^+] - K_\mathrm{w} = 0$$

という 2 次方程式ができる．ここで，$[\mathrm{Cl}^-] = c$ であるので，これを解くことによって $[\mathrm{H}^+]$ を

$$[\mathrm{H}^+] = \frac{1}{2}c + \sqrt{K_\mathrm{w} + \frac{c^2}{4}}$$

として求めることができる．

したがって，濃度 $c = 1 \times 10^{-7}$ mol/L の場合，$[H^+] = 1.62 \times 10^{-7}$ mol/L となり，pH = 6.79 となる．上式は塩酸の濃度が 10^{-6} mol/L ぐらいまでは $[H^+] \cong c$ と近似することができるが，それよりも低くなると，7 に限りなく近づいていくことになる．

（2）一塩基弱酸の pH

酢酸のような弱酸の水溶液中には，CH_3COOH, CH_3COO^-, OH^-, H^+ の4つの分子種が存在する．この平衡は

$$CH_3COOH \xrightleftharpoons{K_a} CH_3COO^- + H^+$$

平衡前 　　 c (mol/L)

平衡後 　　 $c(1-\alpha)$ 　　　 $c\alpha$ 　　 $c\alpha$

となる．このとき，平衡関係式から

$$K_a = \frac{[CH_3COO^-][H^+]}{[CH_3COOH]} \tag{3.7}$$

が成り立つ．さらに，質量保存則から

$$c = [CH_3COOH] + [CH_3COO^-] \tag{3.8}$$

が成り立ち，電荷のバランスから

$$[H^+] = [CH_3COO^-] + [OH^-] \tag{3.9}$$

が成り立つ．この3つの関係式から

$$K_a = \frac{[CH_3COO^-][H^+]}{c - [CH_3COO^-]} = \frac{[H^+]([H^+] - [OH^-])}{c - ([H^+] - [OH^-])} \tag{3.10}$$

となる．ここで，pH = 5 の弱い酸でも，$[H^+] = 10^{-5} \gg 10^{-9} = [OH^-]$ であるので，酸の場合には $[H^+] \gg [OH^-]$ という近似が成り立つ．したがって，式 (3.10) は

$$K_a = \frac{[H^+]^2}{c - [H^+]} \tag{3.11}$$

となり，この2次方程式を解けば，$[H^+]$ が求まる．

さらに，解離度 α が十分小さいときは，酢酸から解離して生じる H^+ は少なく $c \gg [H^+]$ となるので，式 (3.11) は

$$K_a = \frac{[H^+]^2}{c}, \quad \text{すなわち,} \quad [H^+] = \sqrt{cK_a}$$

と近似することができる．両辺の対数をとると

$$pH = \frac{pK_a - \log c}{2}$$

となる．

（3）一酸弱塩基の pH

弱塩基 NH_3 は

$$NH_3 + H_2O \overset{K}{\rightleftharpoons} NH_4^+ + OH^-$$

と解離平衡にある．このような1個の共役酸を放出する弱塩基を<u>一酸弱塩基</u>という．このとき，弱酸の場合と同様に，平衡定数 K に水の濃度を掛けて，塩基解離定数 $K_b = K[H_2O]$ を定義する．すなわち

$$K_b = \frac{[NH_4^+][OH^-]}{[NH_3]}$$

となり，両辺の対数をとると

$$pK_b = pOH + \log\frac{[NH_4^+]}{[NH_3]}$$

となる．弱塩基の濃度を c (mol/L) とすると

$$c = [NH_3] + [NH_4^+], \quad [H^+] + [NH_4^+] = [OH^-]$$

で，pH > 8 の塩基性溶液では $[OH^-] \gg [H^+]$ だから，弱酸の場合と同様に，$[OH^-] = \sqrt{cK_b}$ と近似することができる．両辺の対数をとると

$$pOH = \frac{pK_b - \log c}{2}$$

となる．

[例]　酢酸ナトリウム水溶液の pH

$$CH_3COONa \longrightarrow CH_3COO^- + Na^+$$
$$CH_3COO^- + H_2O \rightleftharpoons CH_3COOH + OH^-$$

酢酸ナトリウムは塩なので完全に解離するため，酢酸イオンの pH を考えることになる．酢酸と酢酸イオンは，共役酸塩基なので $pK_a + pK_b = 14$ が成り立つ．ここで，酢酸ナトリウムの濃度を c (mol/L) とし，酢酸の pK_a を用いて pH を表すと

$$pH = 14 - pOH$$
$$= 14 - \frac{pK_b - \log c}{2} = 7 + \frac{pK_a + \log c}{2}$$

となる． □

（4）多塩基酸の pH

炭酸 H_2CO_3 は，以下のように 2 段階で解離する二塩基弱酸である．このような 2 個以上の共役塩基を放出する酸を<u>多塩基酸</u>という．

$$H_2CO_3 \underset{}{\overset{K_{a1}}{\rightleftharpoons}} H^+ + HCO_3^-$$

$$HCO_3^- \underset{}{\overset{K_{a2}}{\rightleftharpoons}} H^+ + CO_3^{2-}$$

ここで，pK_{a1} = 6.35, pK_{a2} = 10.33 である．

$$[H_2CO_3] + [HCO_3^-] + [CO_3^{2-}] = c$$

$$[H^+] = [HCO_3^-] + 2[CO_3^{2-}] + [OH^-]$$

このとき，水のイオン積 $[H^+][OH^-] = K_w$ より

$$K_{a1} = \frac{[HCO_3^-][H^+]}{[H_2CO_3]}, \qquad K_{a2} = \frac{[CO_3^{2-}][H^+]}{[HCO_3^-]}$$

となる．ここで，$K_{a1} \gg K_{a2}$ である (10^4 倍違う) ことを考えると，第 1 段階の解離のみを考慮すればよいことになる．一塩基弱酸と同様に考えると

$$pH = \frac{pK_{a1} - \log c}{2}$$

となる．

(5) 両性物質の pH

酸または塩基として，両方の反応を示す物質を両性物質という．

例えば，炭酸水素ナトリウムは $NaHCO_3 \rightarrow Na^+ + HCO_3^-$ と解離し

酸として　　$HCO_3^- + H_2O \underset{}{\overset{K_{a1}}{\rightleftharpoons}} H_3O^+ + CO_3^{2-}$ 　　　　　　　　(3.12)

塩基として $HCO_3^- + H_2O \underset{}{\overset{K_{a2}}{\rightleftharpoons}} OH^- + H_2CO_3$ 　　　　　　　　(3.13)

となる．式 (3.12), 式 (3.13) より，それぞれ

$$K_{a1} = \frac{[HCO_3^-][H^+]}{[H_2CO_3]}, \qquad K_{a2} = \frac{[CO_3^{2-}][H^+]}{[HCO_3^-]}$$

となる．$[H_3O^+]$ と $[OH^-]$ が発生する反応が同時に起こる場合，溶液中の H_2CO_3, HCO_3^-, CO_3^{2-} の間の化学平衡を考慮して pH を求める．

この pH を求める過程は複雑なので，定性的に考えてみる．式 (3.12), 式 (3.13) から生成した H_3O^+ と OH^- の濃度の積は水のイオン積より大きくなるので，過量の H_3O^+ と OH^- は中和されて水となり，式 (3.12), 式 (3.13) の反応はともに右へ進行することになる．また，ある程度 H_2CO_3 と CO_3^{2-} の濃度が増えると，平衡に達する．H_3O^+ と OH^- の中和は 1 : 1 の反応なので，その結果として，溶液中の H_2CO_3 と CO_3^{2-} の濃度は近似的に

$$[H_2CO_3] \cong [CO_3^{2-}]$$

と見なせる．この関係を用いて pH を算出する．解離定数 K_{a1}, K_{a2} を掛け合わせると

$$K_{a1} \times K_{a2} = \frac{[HCO_3^-][H^+]}{[H_2CO_3]} \times \frac{[CO_3^{2-}][H^+]}{[HCO_3^-]} \cong [H^+]^2 \quad (3.14)$$

となり，$[H^+]$ の値を求められる．したがって

$$pH = \frac{pK_{a1} + pK_{a2}}{2}$$

となり，pH は濃度には関係しない．

3.2.3 中和反応と塩

酸と塩基が出会った場合に中和反応が生じる．これを利用して医薬品の滴定を行うのが中和滴定である．

(1) 強酸に強塩基を加える場合の pH の変化

0.1 mol/L の塩酸 HCl 水溶液 10 mL に，0.1 mol/L の水酸化ナトリウム NaOH を滴下していくときの pH を考えてみよう．

① 滴下前

0.1 mol/L の HCl 水溶液は，ほぼ完全に電離していると考えてよいので，$[H^+] = 0.1$ mol/L である．したがって，$pH = -\log[H^+] = 1$ となる．

② 等量点前

0.1 mol/L の NaOH を x (mL) 滴下したとき，H^+ の濃度を考えると

$$[H^+] = \frac{H^+ のモル数}{体積}$$
$$= \frac{0.1 \times 10 - 0.1 \times x \text{ (mmol)}}{10 + x \text{ (mL)}} = \frac{1 - 0.1 \times x}{10 + x}$$

したがって

$$pH = -\log[H^+] = -\log\frac{1 - 0.1 \times x}{10 + x}$$

となる．

③ 等量点

$$HCl + NaOH \longrightarrow Na^+ + Cl^- + H_2O$$

となる．生じる塩化ナトリウム NaCl は pH 変化には影響しないため，$[H^+] = [OH^-]$ であるので，$pH = 7$ となる．

④ 等量点後

さらに，NaOH を x (mL) 滴下したとき，OH^- が過剰になるので，OH^- の濃度のみを考えればよい．

$$[OH^-] = \frac{0.1 \times x - 0.1 \times 10 \text{ (mmol)}}{10 + x \text{ (mL)}} = \frac{0.1 \times x - 1}{10 + x}$$

したがって
$$\mathrm{pH} = 14 + \log[\mathrm{OH^-}] = 14 + \log\frac{0.1 \times x - 1}{10 + x}$$

となる．

よって，この ①〜④の状態をグラフに描くと図 3.19 のような滴定曲線になる．

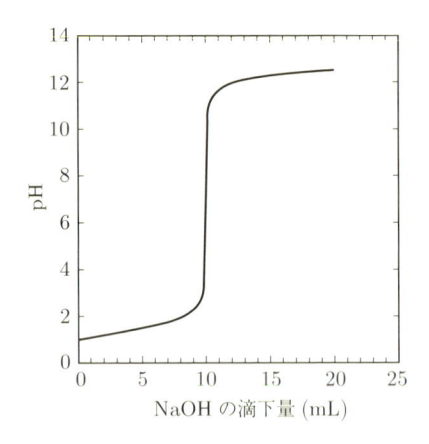

図 3.19 強酸 – 強塩基の滴定曲線

（2） 弱酸に強塩基を加える場合の pH の変化

0.1 mol/L の酢酸 CH_3COOH 水溶液 10 mL に，0.1 mol/L の水酸化ナトリウム NaOH を滴下していくときの pH を考えてみよう．ただし，$pK_a = 4.60$ とする．

① 滴下前

溶液中には CH_3COOH だけしか存在しないので，弱酸の pH の公式から，弱酸の濃度を c (mol/L) とすると

$$\mathrm{pH} = \frac{pK_a - \log c}{2}$$
$$= \frac{4.60 - \log 0.1}{2} = 2.75$$

② 等量点前

NaOH を x (mL) 滴下したとき，加えた NaOH の分だけ CH_3COOH は CH_3COO^- となる．

$$\begin{array}{c} CH_3COOH + NaOH \rightleftharpoons CH_3COO^- + Na^+ + H_2O \\ 0.1 \times 10 \quad\;\; 0.1 \times x \quad\quad\;\; 0.1 \times x \end{array}$$

このとき，溶液中には共役酸と塩基とが存在しているから，ヘンダーソン – ハッセルバルヒの式

$$\mathrm{pH} = \mathrm{p}K_\mathrm{a} + \log \frac{[\mathrm{CH_3COO^-}]}{[\mathrm{CH_3COOH}]}$$
$$= 4.60 + \log \frac{0.1 \times x}{0.1 \times 10 - 0.1 \times x}$$
$$= 4.60 + \log \frac{x}{10 - x}$$

が成り立つ．例えば，5 mL を滴下したときの pH は

$$\mathrm{pH} = 4.60 + \log \frac{5}{10 - 5} = 4.60$$

となる．ちょうどこの付近は緩衝液となっているため，pH の変化が少なく，カーブを描く．これは (1) の強酸–強塩基の滴定曲線と比較して特徴的である．

③ 等量点

溶液中の $\mathrm{CH_3COOH}$ は完全に $\mathrm{CH_3COO^-}$ となる．また，溶液中に存在している $\mathrm{CH_3COONa}$ は

$$\mathrm{CH_3COONa} \longrightarrow \mathrm{CH_3COO^-} + \mathrm{Na^+}$$

と完全に解離しているので，濃度

$$0.1 \,(\mathrm{mol/L}) \times \frac{10}{10 + 10} = 0.05 \,\mathrm{mol/L}$$

の $\mathrm{CH_3COO^-}$ 溶液の pH を求めればよい．$\mathrm{CH_3COO^-}$ は加水分解して

$$\mathrm{CH_3COO^-} + \mathrm{H_2O} \rightleftharpoons \mathrm{CH_3COOH} + \mathrm{OH^-}$$

となるので，弱塩基と考えられるので

$$\mathrm{p}K_\mathrm{b} = 14 - \mathrm{p}K_\mathrm{a(CH_3COOH)} = 14 - 4.60 = 9.40$$

である．したがって

$$\mathrm{pOH} = \frac{\mathrm{p}K_\mathrm{b} - \log c'}{2}, \qquad \therefore \ \mathrm{pH} = 7 + \frac{\mathrm{p}K_\mathrm{a} + \log c'}{2}$$

ただし，c' は等量点における酢酸ナトリウムの濃度なので，体積が倍になるため 0.05 mol/L となる．ゆえに

$$\mathrm{pH} = 7 + \frac{4.60 + \log 0.05}{2} = 8.65$$

となる．ここで，実際に図 3.20 を見ると，等量点がアルカリ側に移行しているのがわかる．

④ 等量点後

過剰な NaOH から出た $\mathrm{OH^-}$ によって pH が決定されるので，強酸–強塩基のときと同じ滴定曲線となる．等量点後に，さらに NaOH を x (mL) 滴下したとすると

$$\mathrm{pH} = 14 + \log \frac{0.1 \times x - 1}{10 + x}$$

となる．

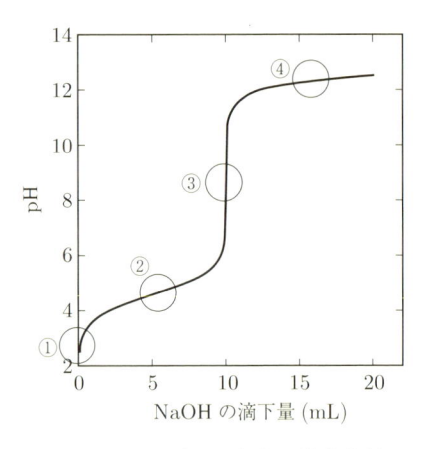

図 3.20　弱酸-強塩基の滴定曲線

よって，この①〜④の状態をグラフに描くと図 3.20 のような滴定曲線になる．②の部分では緩衝液となっていて，③の部分から等量点の pH が 7 よりも大きくなっていることがわかる．

3.2.4　緩衝作用 (緩衝液)

緩衝液 (buffer) とは，少量の酸あるいは塩基が加えられたり，溶液が希釈されたりしても pH が大きくは変化しない溶液をいう．これは，生化学反応などの際に pH を最適条件に保つために重要である．多くの酵素には，反応が最も効率よく進む pH (至適 pH) が存在するため，pH が変動したならば酵素反応の効率も大きく変化することになり，生命活動にも異常をきたす．

緩衝液は，弱酸と共役塩基，あるいは，弱塩基と共役酸の混合物からなる．例えば，酢酸緩衝液の場合，系内に CH_3COOH と CH_3COO^- が共存した平衡状態

$$CH_3COOH \underset{}{\overset{K_a}{\rightleftharpoons}} CH_3COO^- + H^+$$

にあり，式 (3.7) が成り立つ．両辺の対数をとると

$$pH = pK_a + \log \frac{[CH_3COO^-]}{[CH_3COOH]}$$

となる (ヘンダーソン-ハッセルバルヒの式)．もし，この緩衝液に少量の塩酸 HCl を Δc (mol) 加えたとすると

$$CH_3COOH \underset{}{\overset{K_a}{\rightleftharpoons}} CH_3COO^- + H^+$$

$$HCl \longrightarrow H^+ + Cl^-$$

となる．この平衡は左に移行するので，$[CH_3COOH]$ はもとの濃度から Δc (mol) 増加し，$[CH_3COO^-]$ は Δc (mol) 減少する．したがって，塩酸 HCl を加えた後のヘンダーソン-ハッセルバルヒの式は

$$\mathrm{pH} = \mathrm{p}K_\mathrm{a} + \log \frac{[\mathrm{CH_3COO^-}] - \Delta c}{[\mathrm{CH_3COOH}] + \Delta c}$$

となる.

もし，中性の水 1L (pH = 7) に対して，0.1 mol/L の塩酸 HCl を 1 mL 加えたとすると，その pH は

$$\mathrm{pH} = -\log \frac{0.1 \times 1}{1000 + 1} = 4.01$$

となる.

一方，0.1 mol/L の酢酸 $\mathrm{CH_3COOH}$ 水溶液 100 mL と 0.1 mol/L の酢酸イオン $\mathrm{CH_3COO^-}$ 水溶液 100 mL の混合溶液ならば，その pH は

$$\mathrm{pH} = 4.60 + \log \frac{0.1 \times 100/200}{0.1 \times 100/200} = 4.60$$

となる．この溶液に対して，0.1 mol/L の塩酸 HCl を 1 mL 加えたとすると，その pH は

$$\mathrm{pH} = 4.60 + \log \frac{0.1 \times 100 - 0.1 \times 1}{0.1 \times 100 + 0.1 \times 1} = 4.59$$

となり，pH はそれほど大きくは変化しないことがわかる.

緩衝能 (緩衝液の能力) は緩衝作用の大きさを表す指標である．緩衝能が最も大きいのは，pH = pK_a の場合である．通常，緩衝能が実用的なのは pH = pK_a ±1 の範囲である．リン酸の pK_a2 = 7.21 であるため，生化学実験ではリン酸緩衝液がよく用いられる．

3.3 酸化還元反応

3.3.1 酸化と還元

酸化還元反応は，私たちの身の回りにもありふれていて (サビなど)，生体内でも起きている．酸化ストレスなどの言葉から悪玉に思われがちだが，実際には免疫系などでも起きていて，呼吸によって酸素を体内に取り入れる生物にとっては必要悪的なところがある．

物質 1, 2 の酸化型と還元型をそれぞれ $\mathrm{Ox_1, Ox_2}$ と $\mathrm{Rd_1, Rd_2}$ と表すとして，例えば，物質 $\mathrm{Ox_1}$ と $\mathrm{Rd_1}$ が酸化還元反応を起こして

$$\mathrm{Ox_1 + Rd_2 \rightleftharpoons Rd_1 + Ox_2} \tag{3.15}$$

という反応を生じる．この反応は

$$\mathrm{Ox_1 + e^- \rightleftharpoons Rd_1} \tag{3.16}$$

$$\mathrm{Rd_2 \rightleftharpoons Ox_2 + e^-} \tag{3.17}$$

酸化と還元は英語で oxidation, reduction といい，酸化状態と還元状態の分子種を Ox, Rd (Red) と表記することがある．

という 2 つの反応が複合したものである．この場合，式 (3.16) の Ox_1 は電子を受け取り Rd_1 へと還元される．一方，式 (3.17) の Rd_2 は電子を放出して Ox_2 へと酸化される．

このように，酸化とは電子を失うこと，還元とは電子を受け取ることであり，この反応において，Ox_1 を酸化剤 (相手を酸化する物質)，Rd_2 を還元剤 (相手を還元する物質) という．

ある物質が酸化状態にあるとき，単体 (電子を失わない状態) と比べて何個の電子を失ったかを酸化数という．例えば

$$Zn \rightleftarrows Zn^{2+} + 2e^- \tag{3.18}$$

の酸化還元反応が生じているとき，Zn^{2+} の酸化数は 2 である．

金属の場合には，酸化数は価数で表すことができ，酸化されやすさはイオン化傾向で表すことができる．

<金属のイオン化傾向>

K < Ca < Na < Mg < Al < Zn < Fe < Ni < Sn < Pb < H_2 < Cu < Hg < Ag < Pt < Au
(イオン化傾向大) 　　　　　　　　　　　　　　　　　　　　　　　　　(イオン化傾向小)

ここで，過マンガン酸カリウム $KMnO_4$ とシュウ酸ナトリウム $(COONa)_2$ との酸化還元反応を考えてみよう．

$$2KMnO_4 + 5(COONa)_2 + 8H_2SO_4$$
$$\rightleftarrows 2MnSO_4 + K_2SO_4 + 5Na_2SO_4 + 10CO_2 + 8H_2O$$

より

$$MnO_4^- + 8H^+ + 5e^- \rightleftarrows Mn^{2+} + 4H_2O$$
　　Mn の酸化数 (+7) ⟶ 酸化数 (+2)

$$C_2O_4^{2-} \rightleftarrows 2CO_2 + 2e^-$$
　　シュウ酸の酸化数 (−2) ⟶ 酸化数 (0)

となり，酸化数は上述のように変化する．

次に，Zn 板を硫酸亜鉛 $ZnSO_4$ 水溶液に入れた場合を考えてみる．このとき，平衡状態では，Zn 板の表面では式 (3.18) の反応，つまり $Zn \rightarrow Zn^{2+} + 2e^-$ とその逆の反応が同じ速度で起こっており，酸化還元平衡が成立している．その結果，半電池が形成される (図 3.21)．半電池は電極ともいい，溶液側から見た Zn 板側の電位 (Zn 板の電位 − 溶液の電位) を，Zn 電極の電極電位といい，電極における還元反応の起こしやすさ (すなわち，電子の Zn 電極への近づきやすさ) を表す．特に，25°C における電極電位を標準電極電位という．電位とは，ある基準値からの差である (例えば，山の高さは通常，海抜，すなわち，海

3.3 酸化還元反応

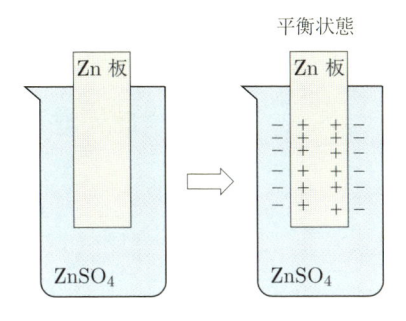

図 3.21　半電池の模式図

面の高さを 0 として表す)．したがって

$$2H^+ + 2e^- \rightleftharpoons H_2 \quad (標準水素電極)$$

の反応の電位を基準値 (0) として表す．

Zn 電極の電極電位は

$$E_{Zn} = E^0_{Zn} + \frac{RT}{nF} \ln a_{Zn^{2+}}$$

と表すことができる．上式をネルンストの式 (Nernst equation) という．ここで，E^0_{Zn} は標準電極電位，F はファラデー定数，R は気体定数，a は活量，n は電子数である．

一般に

$$Ox + ne^- \underset{}{\overset{K}{\rightleftharpoons}} Rd$$

の電極電位は

$$\begin{aligned} E &= \frac{RT}{nF}\left(\ln K - \ln \frac{[Rd]}{[Ox]}\right) \\ &= E^0 + \frac{0.059}{n} \log \frac{[Ox]}{[Rd]} \end{aligned}$$

となる．Ox, Rd が純物質 (固体) の場合には，[Ox], [Rd] は 1 となる．上式からわかるように，電位は温度やイオン濃度によって変化するが，標準電極電位の寄与が大きい．

3.3.2　電池の原理

硫酸 H_2SO_4 水溶液中に Zn 板と Cu 板が入っている場合を考えてみよう．このとき，Zn 板では

$$Zn \longrightarrow Zn^{2+} + 2e^-$$

の酸化還元反応が生じる．Zn 板と Cu 板を導線でつないでいたならば，2 個の電子は Cu 板の方に流れ，水溶液中の H^+ に与えられて

活量: 溶質間の相互作用を考慮した実効濃度．希薄溶液ではモル濃度にほぼ等しい．

$$2\mathrm{H}^+ + 2\mathrm{e}^- \longrightarrow \mathrm{H}_2$$

の酸化還元反応が生じることになる．このとき，電子の流れ (Zn 板から Cu 板) と逆方向 (Cu 板から Zn 板) に電流が流れることになる．これが**ボルタ電池**の原理である (図 3.22).

しかし，この電池では，電流を流すにつれて正極側で H_2 の泡が発生し，電流が流れにくくなり，生じた H_2 が H^+ に戻るため，途中で発電が止まってしまう．

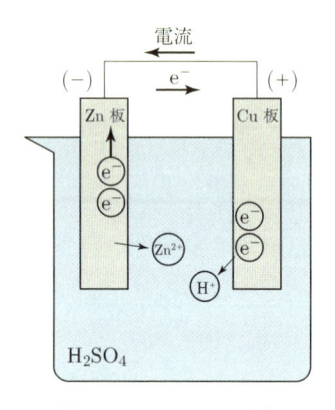

図 3.22 ボルタ電池

塩橋: 両極の液を混合しないで，電気的に結合させるもので，塩化カリウム KCl などの飽和水溶液を寒天状にしたものなどがよく用いられる．

そこで開発されたのが**ダニエル電池**である (図 3.23)．ダニエル電池では，Cu 板 (正極)，Zn 板 (負極) がそれぞれ Cu^{2+}，Zn^{2+} の酸性水溶液に入れられていて，溶液どうしは**塩橋**によりつながれている．

このダニエル電池は，2 つの半電池が組み合わさったものとして表すことができる．通常，**半電池反応**は還元反応として記述し，正極では

$$\mathrm{Cu}^{2+} + 2\mathrm{e}^- \rightleftarrows \mathrm{Cu}$$

という還元反応が生じている．また，負極では

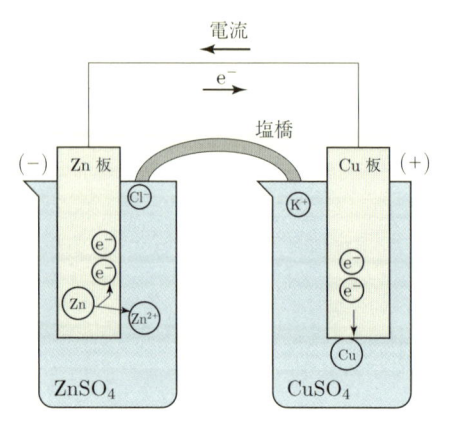

図 3.23 ダニエル電池

3.3 酸化還元反応

$$Zn \rightleftharpoons Zn^{2+} + 2e^-$$

という酸化反応が生じている．電子は Zn 板から Cu 板に流れるため，電流はその逆，Cu 板から Zn 板へ流れることになる．

この 2 つの反応を合わせると

$$Zn + Cu^{2+} \rightleftharpoons Zn^{2+} + Cu$$

と書ける．この電池は，次のように

$$(-)Zn \,|\, ZnSO_4 \,aq \,\|\, CuSO_4 \,aq \,|\, Cu(+)$$

↑ 異なる相関の界面 (固相と液相): 電位差がある

↑ 液間電位差がない界面

と表すことができる．

この 2 つの半電池反応では

$$Cu^{2+} + 2e^- \rightleftharpoons Cu \qquad 標準電極電位\ E^0 = 0.337\ V$$
$$Zn^{2+} + 2e^- \rightleftharpoons Zn \qquad 標準電極電位\ E^0 = -0.763\ V$$

となる．このとき，標準電極電位が小さいものほど電子を放出しやすく，陽イオンになりやすい (酸化されやすい)．

それぞれの電極の電位は，ネルンストの式を用いて

$$E_{Zn} = E^0 + \frac{0.059}{2} \log[Zn^{2+}]$$
$$E_{Cu} = E^0 + \frac{0.059}{2} \log[Cu^{2+}]$$

と計算できる (詳細は物理化学で学ぶ)．

また，電子は電位の高い方から低い方に流れるので (図 3.24)，この電池の起電力 E は

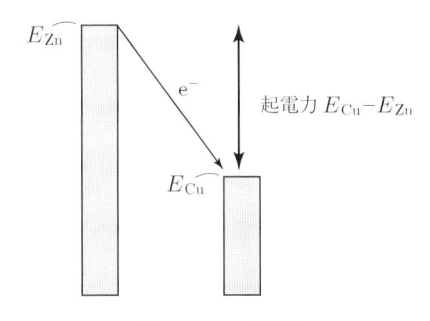

図 3.24　起電力

$$E = 正極の電極電位 - 負極の電極電位$$
$$= E_{\text{Cu}} - E_{\text{Zn}}$$
$$= E^0_{\text{Cu}} - E^0_{\text{Zn}} + \frac{0.059}{2} \log \frac{[\text{Cu}^{2+}]}{[\text{Zn}^{2+}]}$$

として表される.

したがって,$ZnSO_4$ 水溶液と $CuSO_4$ 水溶液が十分な濃度があれば, $[\text{Cu}^{2+}] = [\text{Zn}^{2+}]$ と考えることができ

$$E = E^0_{\text{Cu}} - E^0_{\text{Zn}}$$
$$= 0.337 - (-0.763)$$
$$= 1.100 \text{ (V)}$$

となる.

■注釈

*1 25℃における水の密度は 0.99704 g/mL であるので,水 1000 mL 中には

$$\frac{1000 \text{ (mL)} \times 0.99704}{18.02} = 55.33 \text{ (mol)}$$

の H_2O(分子量 18.02)が含まれていることになる.

■演習問題

3.1 次の記述について,正誤を答えなさい.
  (1) 平衡定数は,反応温度に関係なく一定の値を示す.
  (2) 化学反応式における各物質の係数と反応速度を表す冪指数は必ずしも一致しない.
  (3) 平衡状態にある反応混合物成分の一部を除くと,その濃度が増加する方向に平衡移動が起こる.
  (4) 平衡状態にある反応 $H_2 + I_2 \rightleftarrows 2HI$ において,圧力を変化させても平衡移動は見られない.
  (5) 反応速度は,生成物質の濃度の変化で表すことはできない.
  (6) 1次反応では,反応物濃度を高くすると反応速度は大きくなる.
  (7) 1次反応では,反応物の濃度に関係なく一定の反応速度で生成物ができる.
  (8) 通常,温度が 10 K 上昇すると,反応速度定数は 10〜15 倍大きくなることが知られている.
  (9) 温度の上昇により,遷移状態になる生成物分子の割合が増加し,反応速度が上がる.
  (10) 触媒は,反応の活性化エネルギーを上げることで,反応速度を大きくする.

3.2 (1)〜(10) の溶液の pH を低い順に並べよ.ただし,酢酸の $pK_a = 4.60$,ギ酸の $pK_a = 3.75$,炭酸の $pK_{a_1} = 6.35$,$pK_{a_2} = 10.33$,アンモニアの $pK_b = 4.70$ とする.

(1) 0.1 mol/L の酢酸　　(2) 0.1 mol/L のギ酸　　(3) 0.1 mol/L の炭酸
(4) 0.1 mol/L の塩酸　　(5) 0.01 mol/L の硝酸　　(6) 0.01 mol/L 硫酸
(7) 0.1 mol/L のアンモニア　　(8) 0.1 mol/L の酢酸ナトリウム
(9) 0.1 mol/L の水酸化カリウム　　(10) 蒸留水

3.3 過酸化水素 H_2O_2 と過マンガン酸カリウムの化学反応式を書き，それぞれの酸化数がどう変わるかを答えなさい．

付　録

A.1　指数と対数

本書で頻繁に出てくる pH や pK_a といった化学の基本的な概念は，対数 (log) で表される．そこで，指数 (関数) と対数 (関数) についてしっかり理解しておく必要があるので，ここで復習をしておく．

（1）指　数

ある同じ数を何回か掛け合わせたものを**累乗**という．ある数 a を n 回掛け合わせたものを a の **n 乗**といい，a^n と書く．ただし，$a^1 = a$ とする．このとき，n を累乗の**指数**という．

$$a^n = \underbrace{a \times a \times \cdots \times a}_{n\,個}$$

例えば，2 を 5 回掛け合わせた数は，$a = 2$, $n = 5$ で 2^5 と表され

$$2^5 = 2 \times 2 \times 2 \times 2 \times 2$$

であるから，$2^5 = 32$ である．

指数 n は，何回掛け合わせるかを表すのであるから正の整数だが，これを次のように定義して，0 や負の整数にも適応する．ただし，$a \neq 0$ とする．

$$a^0 = 1, \qquad a^{-n} = \frac{1}{a^n}$$

例えば

$$2^0 = 1, \qquad 5^{-3} = \frac{1}{5^3} = \frac{1}{5 \times 5 \times 5} = \frac{1}{125}$$

である．

指数の計算では次の指数法則が成り立つ．ただし，$a \neq 0$, $b \neq 0$ とする．

Ⅰ．$a^m a^n = a^{m+n}$

Ⅱ．$(a^m)^n = a^{mn}$

Ⅲ．$(ab)^n = a^n b^n$

Ⅳ．$\dfrac{a^m}{a^n} = a^{m-n}$

さらに，指数が整数でない場合にも適応できる．

例えば，2 の平方根は $\sqrt{2}$ であるが，これは 2 乗して 2 となる数である．すなわち，2 回掛け合わせると 2 となる数である．これは $a = \sqrt{2}$, $n = 2$ の場合に相当するので，$(\sqrt{2})^2 = 2$ となる．ここで，上記の指数法則 II を考慮すると，$\sqrt{2}$ は $2^{1/2}$ と書ける．実際

$$(2^{1/2})^2 = 2^{(1/2) \times 2} = 2^1 = 2$$

となる．すなわち，$\sqrt{2}$ は 2 を 1/2 回掛けたもの，したがって，2 回掛ければ 2 になると考えればよい．同様に，2 の 3 乗根 $\sqrt[3]{2}$ は，$2^{1/3}$ と書ける．さらに，指数は分数だけでなく実数にまで適応でき，指数法則も成り立つ．

（2） 指数関数

(1) でみたように，指数 n は実数にまで適応できることがわかった．そこで，n を x と置き換えて，$a > 0$, $a \neq 1$ のとき，関数 $y = a^x$ を定義し，これを a を**底**とする x の**指数関数**という．これは，a を x 回掛けるといくつ ($= y$) になるかという関数である．x はもはや整数ではないが，イメージすることは難しくないであろう．

一般に，指数関数 $y = a^x$ のグラフは，点 $(0, 1)$, $(1, a)$ を通り，x 軸を漸近線とする曲線である．$a > 1$ のときは単調増加，$0 < a < 1$ のときは単調減少となる (図 A.1)．

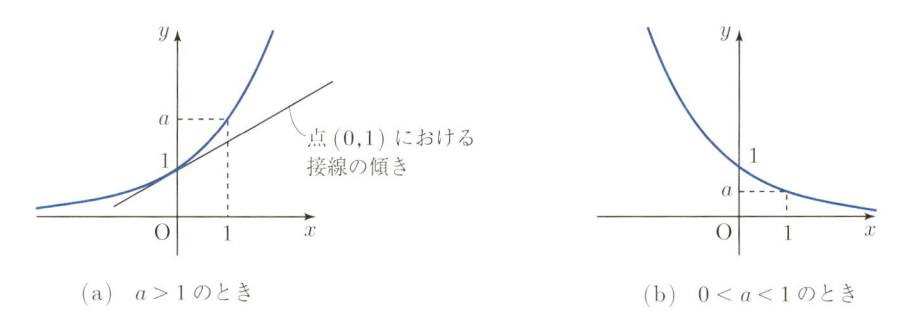

(a) $a > 1$ のとき

(b) $0 < a < 1$ のとき

図 A.1 $y = a^x$ のグラフ

図 A.1 からわかるように，指数関数は a の値によらず必ず点 $(0, 1)$ を通る．$a > 1$ のとき，点 $(0, 1)$ における接線の傾き，すなわち $x = 0$ における指数関数の微分係数は，a が大きくなるにつれて大きくなり，$a = 2.71828\cdots$ のときに 1 となる．この値を**ネピア数**といい e で表す．すなわち，$y = e^x = (2.71828\cdots)^x$ のグラフの点 $(0, 1)$ における接線の傾きは 1 である．

この関数 $y = e^x$ は x で微分すると，また同じ e^x となる．すなわち

$$\frac{dy}{dx} = e^x$$

という性質をもっており，自然現象を表す数式のいろいろな場面で出てくる重要な式である．

(3) 対　数

指数のところでみたように，ある数 a を n 回掛け合わせたものを a^n と書き，n を累乗の指数といった．例えば，2 を 5 回掛けることを 2^5 と表し，それは 32 であった．では逆に，「32 は 2 を何回掛けたものか」を表す数を考え，このことを $\log_2 32$ と書き，2 を底とする 32 の**対数**という．すなわち，32 は 2 を $\log_2 32$ 回掛けたものといえる．$32 = 2^5$ だから

$$\log_2 32 = \log_2 2^5 = 5$$

である．

一般に，$a > 0$, $a \neq 1$ のとき，ある任意の正の数 x に対して，$a^y = x$ となる実数 y を $\log_a x$ と表し，a を**底**とする x の**対数**という．また，x のことを**真数**という．

$$y = \log_a x \iff a^y = x$$

（ただし，$a > 0$, $a \neq 1$, $x > 0$）

log は，対数を意味する logarithm の略．

$a^1 = a$, $a^0 = 1$, $a^{-1} = \dfrac{1}{a}$ であるから，上式より

$$\log_a a = 1, \qquad \log_a 1 = 0, \qquad \log_a \frac{1}{a} = -1$$

が成り立つ．

また，指数法則と対数の定義から，対数について次の関係が導かれる．ただし，$a > 0$, $a \neq 1$, $x > 0$, $y > 0$ で，k は実数とする．

Ⅰ．$\log_a xy = \log_a x + \log_a y$

Ⅱ．$\log_a \dfrac{x}{y} = \log_a x - \log_a y$, $\qquad \log_a \dfrac{1}{x} = -\log_a x$

Ⅲ．$\log_a x^k = k \log_a x$

酸と塩基のところで，pH が

$$\mathrm{pH} = -\log_{10}[\mathrm{H}^+]$$

と定義されている．このように，底が 10 の対数を**常用対数**といい，10 が省略されることがあるので注意が必要である．この定義から明らかなように，$\mathrm{pH} = 7$ とは，$[\mathrm{H}^+] = 10^{-7}$ mol/L であることを表す．なぜなら

$$-\log_{10}[\mathrm{H}^+] = -\log_{10} 10^{-7} = -(-7) = 7$$

だからである．

pH の小文字の p であるが，一般に pX と書いて，$-\log_{10} X$ を意味する．したがって，X が $[\mathrm{H}^+]$ の場合は pH であるが，水酸化物イオン濃度の場合は pOH，酸解離定数 K_a の場合は pK_a となり $-\log_{10} K_\mathrm{a}$ を意味する．

また，底を $e\,(=2.71828\cdots)$ とする対数を**自然対数**とよび，ln という記号で表す．つまり
$$\ln X = \log_e X$$
である．化学では常用対数も自然対数もどちらもよく出てくるので，底が何であるか注意しなくてはならない．底が e よりも 10 の対数で表した方が都合がよい場合もあるので，底を変えて表すこともある．本書にも出てくるネルンストの式などは，場合によっては常用対数で表したり，自然対数で表したりする．対数を底を変えて表すには，次の**底の変換公式**を用いればよい．ただし，$a>0,\ b>0,\ c>0$ で，$a\neq 1,\ b\neq 1,\ c\neq 1$ とする．

$$\log_a b = \frac{\log_c b}{\log_c a} \quad \text{特に，} \log_a b = \frac{1}{\log_b a}$$

上式によって，底が a の対数を，底が c の対数として表すことができる．例えば，自然対数 $\ln X (=\log_e X)$ を底が 10 の対数 (常用対数) で表すと，底の変換公式を利用して
$$\log_e X = \frac{\log_{10} X}{\log_{10} e}$$
となる．$\log_{10} e$ は，$\log_{10} 2.7182 \fallingdotseq 0.4343$ だから
$$\log_e X = \frac{\log_{10} X}{\log_{10} e} \fallingdotseq \frac{\log_{10} X}{0.4343} = 2.303 \log_{10} X$$
となる．この 2.303 という数もよく出てくるが，このように常用対数と自然対数の変換に由来する．

(4) 対数関数

$a>0$，$a\neq 1$ のとき，関数 $y = \log_a x$ を，a **を底とする** x **の対数関数**という．

一般に，対数関数 $y = \log_a x$ のグラフは，点 $(1, 0)$，$(a, 1)$ を通り，$a>1$ のときは単調増加，$0<a<1$ のときは単調減少となる．また，指数関数 $y = a^x$ と直線 $y = x$ に関して対称である (図 A.2)．

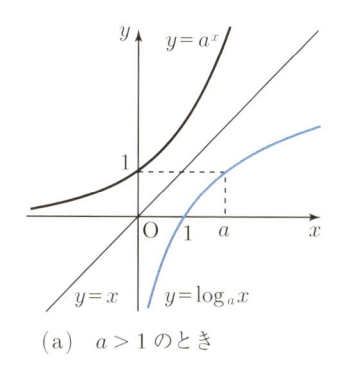

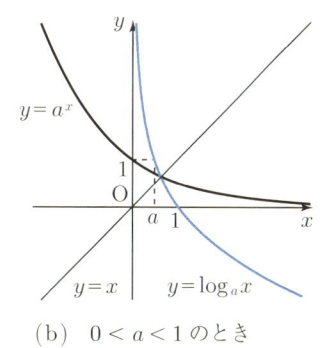

(a) $a>1$ のとき

(b) $0<a<1$ のとき

図 **A.2** $y = \log_a x$ のグラフ

A.2 微分方程式

化学反応と平衡のところで学んだように，化学反応が起こると時間がたつにつれて反応物の濃度は減少し，生成物の濃度は増加する．このような時間変化を記述するのに微分方程式が用いられる．ここでは，本書に出てくる化学反応速度を理解するうえで必要な変数分離形の微分方程式について述べる．

まず，物質 A が物質 P に変化する反応を考えよう．この反応が **1 次反応** だとすると，反応速度は A の濃度 [A] に比例し，反応速度定数を k とおくと，反応速度 v は k[A] となる．反応速度は，[A] がどれだけの速度で変化するかを表すものであるから，微分を使って

$$v = -\frac{d[A]}{dt} = k[A] \tag{A.1}$$

と表される．濃度 [A] は時間とともに減少するので，$d[A]/dt$ は負となるためマイナスをつけて正の数としている．濃度 [A] は時間とともに変化するので，時刻 t における A の濃度を $[A](t)$ と書いて時間の関数であることを明示して書くと，1 次反応の反応速度を表す式は

$$-\frac{d[A](t)}{dt} = k[A](t) \tag{A.2}$$

となる．このように，t の関数 $f(t)$ とその t についての微分を含む方程式を **微分方程式** という．また，微分方程式を満たす関数 $f(t)$ をその微分方程式の **解** といい，解を求めることを **微分方程式を解く** という．

さて，微分方程式 (A.2) は

$$\frac{df}{dt} = Kf \quad (K \text{ は定数}) \tag{A.3}$$

という形をしている．実際，$f = [A](t)$，$K = -k$ とおけばよい．微分方程式 (A.3) は，**変数分離形** とよばれる微分方程式の最も基本的な例である．変数分離形とは，一般には微分方程式が

$$\frac{df}{dt} = G(t)H(f) \tag{A.4}$$

の形，すなわち，df/dt が t の関数 $G(t)$ と f の関数 $H(f)$ の積で表される微分方程式である (式 (A.3) は右辺が Kf と f だけの式で，t の関数が出てこない特殊な場合と考えられる)．

この微分方程式は次のようにして解くことができる．まず，式 (A.4) の両辺に dt を掛けて

$$df = G(t)H(f)\,dt \tag{A.5}$$

とし，さらに両辺を $H(f)$ で割ると

$$\frac{df}{H(f)} = G(t)\,dt \tag{A.6}$$

A.2 微分方程式

となり，左辺は f だけの式，右辺は t だけの式に分離できる．式 (A.6) の両辺を積分すると

$$\int \frac{1}{H(f)} df = \int G(t)\, dt + C \qquad (C \text{ は積分定数}) \tag{A.7}$$

となり，あとは積分をして，$f(t)$ を求めることで解が得られる．

例として，微分方程式

$$\frac{df}{dt} = \frac{t}{f} \tag{A.8}$$

を解いてみよう．この場合，$G(t) = t$，$H(f) = 1/f$ である．

まず，式 (A.8) の両辺に dt を掛けて

$$df = \frac{t}{f} dt \tag{A.9}$$

とし，さらに両辺に f を掛ければ

$$f\, df = t\, dt \tag{A.10}$$

となり，左辺は f だけ，右辺は t だけの式に分離できる．式 (A.10) の両辺を積分すると，左辺，右辺はそれぞれ

$$\int f\, df = \frac{1}{2} f^2, \qquad \int t\, dt = \frac{1}{2} t^2 \tag{A.11}$$

となる (積分定数は省略，次式でまとめて C とおく)．よって

$$\frac{1}{2} f^2 = \frac{1}{2} t^2 + C \tag{A.12}$$

となり

$$f^2 = t^2 + 2C \tag{A.13}$$

が得られる．式 (A.13) から $2C$ を改めて D とおいて f について解くと

$$f(t) = \pm\sqrt{t^2 + D} \tag{A.14}$$

が解として得られる．

さて，式 (A.3) に戻ってこれを解いてみる．両辺に dt を掛けて

$$df = K f\, dt \tag{A.15}$$

とし，さらに，両辺を f で割ると

$$\frac{df}{f} = K\, dt \tag{A.16}$$

となり，左辺と右辺に変数を分離できる．次に，式 (A.16) の両辺を積分して

$$\int \frac{df}{f} = \int K f\, dt \tag{A.17}$$

積分は積分公式集や微分積分の教科書を参照のこと.

を得る. ここで
$$\int \frac{df}{f} = \ln|f|, \quad \int K\,dt = Kt \tag{A.18}$$

となるから
$$\ln|f| = Kt + C \tag{A.19}$$

となる. したがって
$$|f| = e^{Kt+C} = e^C e^{Kt} \tag{A.20}$$

が得られる. 式 (A.20) の絶対値をはずすと
$$f = \pm e^C e^{Kt} \tag{A.21}$$

となる. さらに, C は定数だから, $\pm e^C$ も定数なので, これを D とおくと
$$f = D e^{Kt} \tag{A.22}$$

となる.

そこで, 式 (A.2) に戻ってこの微分方程式を解くと, $f = [A](t)$, $K = -k$ であるので, A の濃度の時間変化を表す式は
$$[A](t) = D e^{-kt} \tag{A.23}$$

となる. 時刻 0 (反応開始時点) での A の濃度 (初期濃度) を $[A]_0$ とすると
$$[A](0) = D e^0 = [A]_0 \tag{A.24}$$

3.1 節では, 対数の形で表されているが, 対数をはずして濃度を直接表す式に変形すると同じ結果が得られるので確認せよ.

だから
$$D = [A]_0 \tag{A.25}$$

となる. したがって, 濃度 [A] の時間変化は
$$[A](t) = [A]_0 e^{-kt} \tag{A.26}$$

で表され, グラフにすると図 A.3 のようになる.

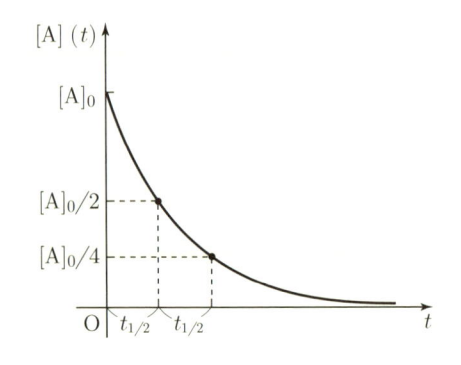

図 **A.3** 1 次反応における反応物の濃度変化

A.2 微分方程式

ある時刻 t_1 で $[A](t_1)$ であった濃度がその後, $[A](t_1)$ の半分になるまでにかかる時間 (半減期) を $t_{1/2}$ とおくと, 時刻 $(t_1 + t_{1/2})$ で濃度が $[A](t_1)$ の半分になるので

$$[A](t_1 + t_{1/2}) = \frac{1}{2}[A](t_1) \tag{A.27}$$

が成り立つ. そこで, これらの時刻を微分方程式の解に代入すると

$$[A]_0 e^{-k(t_1+t_{1/2})} = [A]_0 e^{-kt_1} e^{-kt_{1/2}} = \frac{1}{2}[A]_0 e^{-kt_1} \tag{A.28}$$

となり

$$e^{-kt_{1/2}} = \frac{1}{2} \tag{A.29}$$

が得られる. 式 (A.29) の両辺の対数をとると

$$-kt_{1/2} = \ln \frac{1}{2} \tag{A.30}$$

となり, 半減期が

$$t_{1/2} = \frac{\ln 2}{k} \tag{A.31}$$

と求まる. この結果は, 1 次反応では, 半減期が反応速度定数 k のみで決まり, A の濃度や反応時刻によらないことを意味する.

式 (A.3) の微分方程式はよく出てくるので, その解が $f(t) = De^{Kt}$ で与えられることも覚えておくとよい.

次に, A + B → P の反応を考える. この反応が **2 次反応**だとすると, 反応速度 v は, 反応速度定数を k として $k[A][B]$ と書ける. いま, $[A]$ と $[B]$ の初期濃度が等しいとすると, $[A]$ と $[B]$ は同じ濃度変化をし, 微分方程式

$$-\frac{d[A](t)}{dt} = k([A](t))^2 \tag{A.32}$$

に従う. 微分方程式 (A.32) は

$$\frac{df}{dt} = Kf^2 \qquad (K \text{ は定数}) \tag{A.33}$$

という形をしている. 式 (A.33) も変数分離形であるので, 式 (A.3) を解いたときと同様に

$$df = Kf^2 \, dt \tag{A.34}$$

とし, さらに両辺を f^2 で割ると

$$\frac{df}{f^2} = K \, dt \tag{A.35}$$

となる. 式 (A.35) の両辺を積分すると

$$\int \frac{df}{f^2} = \int K \, dt \tag{A.36}$$

が得られる．式 (A.36) の左辺，右辺をそれぞれ計算すると

$$\int \frac{df}{f^2} = -\frac{1}{f}, \qquad \int K\,dt = Kt \tag{A.37}$$

だから

$$-\frac{1}{f} = Kt + C \tag{A.38}$$

となり

$$f = -\frac{1}{Kt + C} \tag{A.39}$$

と解ける．したがって

$$[\mathrm{A}](t) = \frac{-1}{-kt + C} = \frac{1}{kt + D}$$
$$(C,\ D\ \text{は積分定数}) \tag{A.40}$$

となる．A の初期濃度を $[\mathrm{A}]_0$ とすると

$$[\mathrm{A}](0) = \frac{1}{D} = [\mathrm{A}]_0 \tag{A.41}$$

だから

$$D = \frac{1}{[\mathrm{A}]_0} \tag{A.42}$$

> 3.1 節では，逆数の形で表されているが，濃度を直接表す式に変形すると同じ結果が得られるので確認せよ．

となる．したがって，濃度変化を表す式は

$$[\mathrm{A}](t) = \frac{1}{kt + 1/[\mathrm{A}]_0} = \frac{[\mathrm{A}]_0}{[\mathrm{A}]_0 kt + 1} \tag{A.43}$$

となり，グラフにすると図 A.4 のようになる．

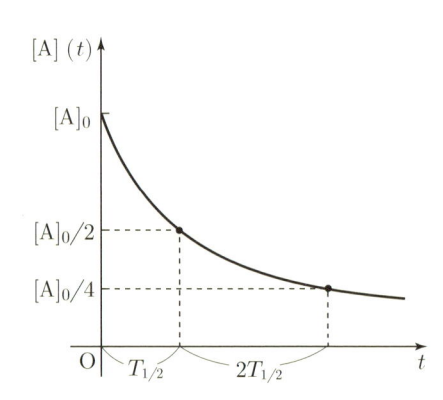

図 **A.4** 2 次反応における反応物の濃度変化

A.2 微分方程式

1次反応の場合と同様に半減期を求めると，式 (A.27) より

$$\frac{[A]_0}{[A]_0 k(t_1 + t_{1/2}) + 1} = \frac{1}{2}\frac{[A]_0}{[A]_0 k t_1 + 1} \tag{A.44}$$

が成り立つ．式 (A.44) を $t_{1/2}$ について解くと

$$t_{1/2} = t_1 + \frac{1}{[A]_0 k} \tag{A.45}$$

が得られる．

この結果は，1次反応の場合と異なり，[A] が初期濃度 ($t_1 = 0$) の半分となるまでにかかる時間は $1/[A]_0 k$ で，k だけでなく初期濃度 $[A]_0$ にも依存することを意味する．また，$t_{1/2}$ は t_1 にも依存するので，時間がたつにつれて半減期は長くなることがわかる．

例えば，反応開始後，初期濃度の半分になるまでにかかる時間を $T_{1/2}$ とすると

$$T_{1/2} = \frac{1}{[A]_0 k} \tag{A.46}$$

であるが，そこ ($t_1 = T_{1/2}$) からさらにその半分 (つまり，初期濃度の 1/4) になるには

$$t_{1/2} = t_1 + \frac{1}{[A]_0 k} = T_{1/2} + T_{1/2} = 2T_{1/2} \tag{A.47}$$

かかることになる．すなわち，反応開始後 $T_{1/2}$ だけたって濃度が初期濃度の半分になってから，さらにその半分になるまでには，初期濃度の半分になるまでの時間 ($T_{1/2}$) の 2 倍かかることになる (図 A.4)．

A.3 おもな実験器具

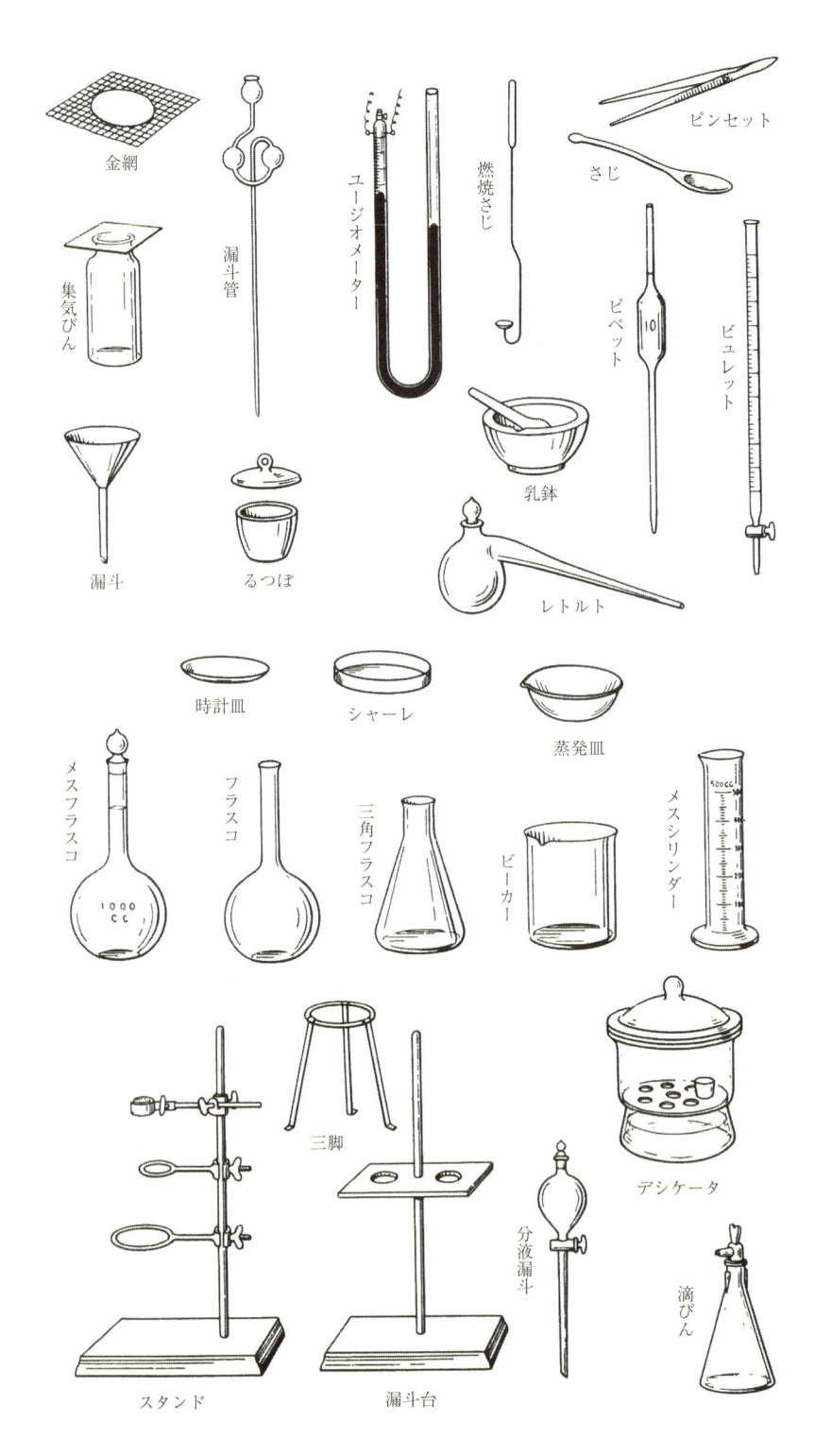

A.4 付表

表 A.1　SI 基本単位

物理量	単位記号	単位の名称
長さ	m	メートル
質量	kg	キログラム
時間	s	秒
電流	A	アンペア
温度	K	ケルビン
物質量	mol	モル
光度	cd	カンデラ

表 A.2　固有の名称をもつ SI 組立単位

物理量	単位記号	単位の名称	SI 基本単位での表記	他のSI単位での表記
周波数	Hz	ヘルツ	1/s	
力	N	ニュートン	m·kg/s^2	
圧力	Pa	パスカル	kg/m·s^2	N/m^2
エネルギー	J	ジュール	m^2·kg/s^2	N·m
電力・仕事率	W	ワット	m^2·kg/s^3	J/s
電気量・電荷	C	クーロン	A·s	
電圧・電位	V	ボルト	m^2·kg/s^3·A	J/C
電気抵抗	Ω	オーム	m^2·kg/s^3·A^2	V/A
セルシウス温度	°C	セルシウス度	K	
平面角	rad	ラジアン		
立体角	sr	ステラジアン		

表 A.3　おもな基礎物理定数

物理量	記号	数値と単位
電子の電荷	e	$1.602\,176\,462 \times 10^{-19}$ C
電子の質量	m_e	$9.109\,381\,88 \times 10^{-31}$ kg
陽子の質量	m_p	$1.672\,621\,58 \times 10^{-27}$ kg
中性子の質量	m_n	$1.674\,927\,16 \times 10^{-27}$ kg
原子質量単位	u	$1.660\,538\,73 \times 10^{-27}$ kg
アボガドロ定数	N_A	$6.022\,141\,99 \times 10^{23}$/mol
セルシウス温度目盛のゼロ点 (0°C)	T	273.15 K
標準大気圧 (1 atm)		101 325 Pa
理想気体のモル体積 (0°C, 1 atm または 10^5 Pa)	V_m	22.413 996 L/mol または 22.710 981 L/mol
気体定数	R	0.082 057 5 atm·L/(mol·K)
ファラデー定数	F	$9.648\,534\,15 \times 10^4$ C/mol
真空中の光速度	c	299 792 458 m/s
標準重力加速度	g_n	9.806 65 m/s^2

表 A.4　ギリシャ文字

大文字	小文字	読み方	大文字	小文字	読み方	大文字	小文字	読み方
A	α	アルファ	I	ι	イオタ	P	ρ	ロー
B	β	ベータ	K	κ	カッパ	Σ	σ	シグマ
Γ	γ	ガンマ	Λ	λ	ラムダ	T	τ	タウ
Δ	δ	デルタ	M	μ	ミュー	Υ	υ	ウプシロン
E	ε, ϵ	イプシロン	N	ν	ニュー	Φ	φ, ϕ	ファイ
Z	ζ	ゼータ	Ξ	ξ	グザイ	X	χ	カイ
H	η	イータ	O	o	オミクロン	Ψ	ψ	プサイ
Θ	θ	シータ	Π	π	パイ	Ω	ω	オメガ

表 A.5　数詞

数	数詞の名称	数	数詞の名称
1	モノ (mono)	7	ヘプタ (hepta)
2	ジ (di)	8	オクタ (octa)
3	トリ (tri)	9	ノナ (nona)
4	テトラ (tetra)	10	デカ (deca)
5	ペンタ (penta)	11	ウンデカ (undeca)
6	ヘキサ (hexa)	12	ドデカ (dodeca)

表 A.6　SI 接頭語

大きさ	接頭語	記号	大きさ	接頭語	記号
10^{-1}	deci	デシ	d	10	deca	デカ	da
10^{-2}	centi	センチ	c	10^2	hecto	ヘクト	h
10^{-3}	milli	ミリ	m	10^3	kilo	キロ	k
10^{-6}	micro	マイクロ	μ	10^6	mega	メガ	M
10^{-9}	nano	ナノ	n	10^9	giga	ギガ	G
10^{-12}	pico	ピコ	p	10^{12}	tera	テラ	T
10^{-15}	femto	フェムト	f	10^{15}	peta	ペタ	P
10^{-18}	atto	アト	a	10^{18}	exa	エクサ	E

A.4 付表

表 A.7　酸・塩基の電離定数

	物質名	電離式	電離定数 (mol/L)
酸	亜硝酸	$HNO_2 \rightleftarrows H^+ + NO_2^-$	7.08×10^{-4}
	亜硫酸	$H_2SO_3 \rightleftarrows H^+ + HSO_3^-$	1.38×10^{-2}
		$HSO_3^- \rightleftarrows H^+ + SO_3^{2-}$	6.46×10^{-8}
	塩化水素	$HCl \rightleftarrows H^+ + Cl^-$	1×10^8 (推定値)
	酢酸	$CH_3COOH \rightleftarrows H^+ + CH_3COO^-$	2.75×10^{-5}
	次亜塩素酸	$HClO \rightleftarrows H^+ + ClO^-$	2.95×10^{-8}
	シュウ酸	$H_2C_2O_4 \rightleftarrows H^+ + HC_2O_4^-$	9.12×10^{-2}
		$HC_2O_4^- \rightleftarrows H^+ + C_2O_4^{2-}$	1.51×10^{-4}
	炭酸	$H_2CO_3 \rightleftarrows H^+ + HCO_3^-$	4.47×10^{-7}
		$HCO_3^- \rightleftarrows H^+ + CO_3^{2-}$	4.68×10^{-11}
	ホウ酸	$H_3BO_3 \rightleftarrows H^+ + H_2BO_3^-$	5.75×10^{-10}
	硫酸水素イオン	$HSO_4^- \rightleftarrows H^+ + SO_4^{2-}$	1.02×10^{-2}
	リン酸	$H_3PO_4 \rightleftarrows H^+ + H_2PO_4^-$	7.08×10^{-3}
		$H_2PO_4^- \rightleftarrows H^+ + HPO_4^{2-}$	6.31×10^{-8}
		$HPO_4^{2-} \rightleftarrows H^+ + PO_4^{3-}$	4.47×10^{-13}
	硫化水素	$H_2S \rightleftarrows H^+ + HS^-$	9.55×10^{-8}
		$HS^- \rightleftarrows H^+ + S^{2-}$	1.26×10^{-14}
	安息香酸	$C_6H_5COOH \rightleftarrows H^+ + C_6H_5COO^-$	1.00×10^{-4}
	ギ酸	$HCOOH \rightleftarrows H^+ + HCOO^-$	2.82×10^{-4}
	サリチル酸	$C_6H_4(OH)COOH$ $\rightleftarrows H^+ + C_6H_4(OH)COO^-$	1.55×10^{-3}
	フェノール	$C_6H_5OH \rightleftarrows H^+ + C_6H_5O^-$	1.51×10^{-10}
塩基	アンモニア	$NH_3 + H_2O \rightleftarrows NH_4^+ + OH^-$	1.74×10^{-5}
	アニリン	$C_6H_5NH_2 + H_2O \rightleftarrows C_6H_5NH_3^+ + OH^-$	4.47×10^{-10}
	メチルアミン	$CH_3NH_2 + H_2O \rightleftarrows CH_3NH_3^+ + OH^-$	4.37×10^{-4}
	エチルアミン	$C_2H_5NH_2 + H_2O \rightleftarrows C_2H_5NH_3^+ + OH^-$	4.27×10^{-4}

データは 25°C における値　　　　　　　　　　　(日本化学会編「化学便覧 基礎編」(2004) より)

表 A.8　標準電極電位

	電極反応 (酸化還元反応)	標準電極電位 (V)
金属	$Li^+ + e^- = Li$	-3.045
	$K^+ + e^- = K$	-2.925
	$Ca^{2+} + 2e^- = Ca$	-2.84
	$Na^+ + e^- = Na$	-2.714
	$Mg^{2+} + 2e^- = Mg$	-2.356
	$Al^{3+} + 3e^- = Al$	-1.676
	$Zn^{2+} + 2e^- = Zn$	-0.7626
	$Fe^{2+} + 2e^- = Fe$	-0.44
	$Ni^{2+} + 2e^- = Ni$	-0.273
	$Sn^{2+} + 2e^- = Sn$	-0.1375
	$Pb^{2+} + 2e^- = Pb$	-0.1263
	$2H^+ + 2e^- = H_2$	0.000
	$Cu^{2+} + 2e^- = Cu$	0.340
	$Hg_2^{2+} + 2e^- = 2Hg$	0.7960
	$Ag^+ + e^- = Ag$	0.7991
	$Pt^{2+} + 2e^- = Pt$	1.188
	$Au^{3+} + 3e^- = Au$	1.52
酸化剤	$O_2 + H_2O = O_3 + 2H^+ + 2e^-$	-2.075
	$2H_2O = H_2O_2\,aq + 2H^+ + 2e^-$	-1.763
	$MnO_2 + 2H_2O = MnO_4^- + 4H^+ + 3e^-$ (酸性)	-1.70
	$2F^- = F_2(気体) + 2e^-$	-2.87
	$2Cl^- = Cl_2\,aq + 2e^-$	-1.396
	$2Br^- = Br_2\,aq + 2e^-$	-1.0874
	$2I^- = I_2(固体) + 2e^-$	-0.5355
	$2Cr^{3+} + 7H_2O = Cr_2O_7^{2-} + 14H^+ + 6e^-$	-1.36
	$Mn^{2+} + 2H_2O = MnO_2 + 4H^+ + 2e^-$	-1.23
	$NO(気体) + 2H_2O = NO_3^- + 4H^+ + 3e^-$	-0.957
	$N_2O_4(気体) + 2H_2O = 2NO_3^- + 4H^+ + 2e^-$	-0.803
	$H_2SO_3 + H_2O = SO_4^{2-} + 4H^+ + 2e^-$	-0.158
	$S + 3H_2O = H_2SO_3 + 4H^+ + 4e^-$	-0.500
還元剤	$Fe^{3+} + e^- = Fe^{2+}$	0.771
	$O_2 + 2H^+ + 2e^- = H_2O_2\,aq$	0.695
	$S + 2H^+ + 2e^- = H_2S\,aq$	0.174
	$Sn^{4+} + 2e^- = Sn^{2+}$	0.15
	$2H^+ + e^- = H_2$	0.000
	$2CO_2 + 2H^+ + 2e^- = H_2C_2O_4\,aq$	-0.475
	$Na^+ + e^- = Na$	-2.714

(日本化学会編「化学便覧 基礎編」(2004) より)

A.4 付表

表 A.9 結合エネルギー

結合	分子	結合エネルギー	結合	分子	結合エネルギー
C-C	C_2	599.0	F-O	F_2O	191.7
C-C*	C_2	354.2	F-S	SF_6	329.0
C-C	C_2H_6	366.4	F-C	CH_3F	472
C=C	C_2H_4	719	Cl-Cl	Cl_2	239.2
C≡C	C_2H_2	956.6	Cl-Br	ClBr	215
H-H	H_2	432.0686	Cl-I	ClI	207.7
H-F	HF	565.9	Cl-O	ClO_2	257.5
H-Cl	HCl	427.7	Cl-P	PCl_3	320
H-Br	HBr	362.4	Cl-C	CH_3Cl	342.0
H-I	HI	294.5	Cl-Na	NaCl	410.2
H-O	H_2O	458.9	Br-Br	Br_2	189.8
H-S	H_2S	362.3	Br-I	BrI	177.02
H-N	NH_3	386.0	Br-P	PBr_3	261
H-P	PH_3	316.8	Br-C	CH_3Br	289.9
H-C	CH_4	410.5	I-I	I_2	148.9
H-Si	SiH_4	316	I-C	CH_3I	231
H-Sn	SnH_4	248	S=S	S_2	421.6
H-B	BH_3	371	S=C	CS_2	577
H-Cu	HCu	262	N≡N	N_2	941.6
H-Li	HLi	236.68	N≡P	NP	614
O=O	O_2	493.6	N≡C	CN	745
O=C	CO_2	526.1	N≡B	BN	561
F-F	F_2	154.8	P≡P	P_2	485.7
F-Cl	FCl	247.2	Na-Na	Na_2	72.9
F-Br	FBr	246.1	K-K	K_2	54.3
F-I	FI	277.5	Hg-Hg	Hg_2	7

* はダイヤモンド.単位は kJ/mol (日本化学会編「化学便覧 基礎編」(2004) より)

表 A.10　気体の分子量，比重，密度，1 mol の体積

気体	分子量	比重	密度	1 mol の体積
水素	2.016	0.069589	0.0899	22.42
ヘリウム	4.003	0.138177	0.1785	22.43
メタン	16.042	0.553745	0.717	22.37
アンモニア	17.034	0.587988	0.771	22.09
ネオン	20.18	0.696583	0.900	22.42
アセチレン	26.036	0.898723	1.173	22.20
一酸化炭素	28.01	0.966862	1.250	22.41
窒素	28.02	0.967207	1.250	22.42
エチレン	28.052	0.968312	1.260	22.26
空気	28.97	1	1.293	22.41
一酸化窒素	30.01	1.035899	1.340	22.40
エタン	30.068	1.037901	1.356	22.17
酸素	32.00	1.104591	1.429	22.39
硫化水素	34.086	1.176596	1.539	22.15
塩化水素	36.458	1.258474	1.639	22.24
フッ素	38.00	1.311702	1.696	22.41
アルゴン	39.95	1.379013	1.784	22.39
二酸化炭素	44.01	1.519158	1.977	22.26
プロパン	44.094	1.522057	2.02	21.83
オゾン	48.00	1.656886	2.14	22.43
二酸化硫黄	64.07	2.211598	2.926	21.90
塩素	70.90	2.447359	3.214	22.06
臭化水素	80.908	2.79282	3.644	22.20
ヨウ化水素	127.908	4.415188	5.789	22.10

(日本化学会編「化学便覧 基礎編」(2004) より)

A.4 付表

表 A.11　溶解度積と溶解度

化合物	温度 (°C)	溶解度積 $(mol/L)^2$	溶解度
AgCl	25	1.8×10^{-10}	1.93×10^{-3}
AgBr	25	5.2×10^{-13}	1.35×10^{-4}
AgI	20	2.1×10^{-14}	3.4×10^{-5}
Ag_2S	25	1.5×10^{-44}	1.93×10^{-13}
Ag_2O	25	8.6×10^{-13}	2.2×10^{-2}
Ag_2CrO_4	25	9.0×10^{-13}	3.2×10^{-2}
$BaSO_4$	25	9.1×10^{-11}	2.23×10^{-3}
$CaCO_3$	25	6.7×10^{-5}	0.83
CdS	25	2.1×10^{-20}	2.11×10^{-6}
$Cu(OH)_2$	25	2.6×10^{-3}	2.9×10^{-3}
CuS	25	6.5×10^{-30}	2.44×10^{-13}
$Fe(OH)_3$	–	1.3×10^{-38}	3.6×10^{-8}
HgS	18	2.9×10^{-15}	1.25×10^{-5}
$MgCO_3$	20	9.5×10^{-2}	26
$Mg(OH)_2$	18	4.7×10^{-12}	9.8×10^{-3}
$PbCO_3$	20	$1.7 \sim 4.0 \times 10^{-11}$	$1.1 \sim 1.7 \times 10^{-3}$
PbS	25	$1.7 \sim 3.4 \times 10^{-11}$	$1.0 \sim 1.4 \times 10^{-3}$
$PbSO_4$	25	2.2×10^{-8}	4.52×10^{-2}
$PbCrO_4$	25	2.8×10^{-13}	1.7×10^{-4}
ZnS	–	2.2×10^{-18}	1.43×10^{-7}

● 溶解度は飽和水溶液 1 dm³ 中に含まれる無水物の質量 (g) である．

(日本化学会編「化学便覧 基礎編」(2004) より)

表 A.12　固体の溶解度

物質名	溶質	水和水	0	10	20	30	40	60	80	100
硝酸銀	$AgNO_3$	0	121	167	216	265	312	441	585	733
塩化アルミニウム	$AlCl_3$	6	43.9	46.4	46.6	47.1	47.3	47.7	48.6	49.9
ミョウバン	$AlK(SO_4)_2$	12	3.0	4.0	5.9	8.4	11.7	24.8	71.0	109$^{(90)}$
硫酸アルミニウム	$Al_2(SO_4)_3$	16	37.9	38.1	38.3	38.9	40.4	44.9	55.3	80.5
塩化バリウム	$BaCl_2$	2→1	31.2	33.3	35.7	38.3	40.6	46.2	52.2	60.0^{102}
水酸化バリウム	$Ba(OH)_2$	8	1.68	2.48	3.89	5.59	8.23	20.9	101	—
塩化カルシウム	$CaCl_2$	6→4→2	59.5	64.7	74.5	100$^{30.1}$	130$^{45.1}$	137	147	159
水酸化カルシウム	$Ca(OH)_2$	0 (細粉)	0.19	0.18	—	0.16	0.14	0.12	0.11$^{(70)}$	—
硫酸カルシウム	$CaSO_4$	2→1/2	0.18	0.19	0.21	0.21	0.21^{42}	0.15	0.10	0.07
塩化銅(II)	$CuCl_2$	2	68.6	70.9	73.3	76.7	79.9	87.3	98.0	111
硫酸銅(II)	$CuSO_4$	5→3	14.0	17.0	20.2	24.1	28.7	39.9	56.0	76.7$^{95.9}$
塩化鉄(II)	$FeCl_2$	6→4→2	49.7	60.3$^{12.3}$	62.6	65.6	68.6	78.3	90.1$^{76.5}$	94.9
塩化鉄(III)	$FeCl_3$	6→7/2	74.4	82.1	91.9	107	150	—	—	—
硫酸鉄(II)	$FeSO_4$	7→4→1	15.7	20.8	26.3	32.8	54.6$^{56.6}$	55.3$^{63.7}$	43.7	—
ヨウ素	I_2	0	0.14	0.20	0.29	0.39	0.52	1.01	2.30	4.66
臭化カリウム	KBr	0	53.6	59.5	65.0	70.6	76.1	85.5	94.9	104
塩化カリウム	KCl	0	28.1	31.2	34.2	37.2	40.1	45.8	51.3	56.3
塩素酸カリウム	$KClO_3$	0	3.31	5.15	7.30	10.1	13.9	23.8	37.6	56.3
クロム酸カリウム	K_2CrO_4	0	58.7	61.6	63.9	66.1	68.1	72.1	76.4	80.2
二クロム酸カリウム	$K_2Cr_2O_7$	0	4.60	6.61	12.2	18.1	25.9	46.4	70.1	96.9
ヨウ化カリウム	KI	0	127	136	144	153	160	176	192	207
過マンガン酸カリウム	$KMnO_4$	0	2.83	4.24	6.34	9.03	12.5	22.2	25.3$^{(65)}$	—
硝酸カリウム	KNO_3	0	13.3	22.0	31.6	45.6	63.9	109	169	245
水酸化カリウム	KOH	2→1	96.9	103	112	135$^{32.5}$	138	152	161	178
塩化マグネシウム	$MgCl_2$	6	52.9	53.6	54.6	55.8	57.5	61.0	66.1	73.3
塩化アンモニウム	NH_4Cl	0	29.4	33.2	37.2	41.4	45.8	55.3	65.6	77.3
硝酸アンモニウム	NH_4NO_3	0 (斜→三→正)	118	150	190	238	245$^{32.3}$	418	663$^{84〜85}$	931
硫酸アンモニウム	$(NH_4)_2SO_4$	0	70.5	72.6	75.0	77.8	80.8	87.4	94.1	102
炭酸ナトリウム	Na_2CO_3	10→7→1	7.0	12.1	22.1	45.3^{32}	49.5^{35,37}	46.2	45.1	44.7
塩化ナトリウム	$NaCl$	2→0	35.7$^{0.1}$	35.7	35.8	36.1	36.3	37.1	38.0	39.3
炭酸水素ナトリウム	$NaHCO_3$	0	6.93	8.13	9.55	11.1	12.7	16.4	—	23.6
硝酸ナトリウム	$NaNO_3$	0	73.0	80.5	88.0	96.1	105	124	148	175
水酸化ナトリウム	$NaOH$	2→1→0	83.5$^{(5)}$	103^{12}	109	119	129	223	288$^{61.8}$	—
硫酸ナトリウム	Na_2SO_4	10→0	4.5	9.0	19.0	41.2	49.7$^{32.4}$	45.1	43.3	42.2
硫酸亜鉛	$ZnSO_4$	7→6→1	41.6	47.3	53.8	69.4$^{37.9}$	75.4$^{48.4}$	72.1	65.0	60.5

- 水和水の欄に記した矢印は水和水の数が変化することを示し，溶解度の右肩の数値はその転移温度を示す．
- 右肩に ( ) のついた溶解度は，( ) 内の温度における溶解度である．
- データは水 100 g に溶ける溶質の質量 (g) である．　　　　　(日本化学会編「化学便覧 基礎編」(2004) より)

A.4 付表

表 A.13 モル沸点上昇

溶媒	モル沸点上昇	沸点 (°C)	溶媒	モル沸点上昇	沸点 (°C)
水	0.515	100	ショウノウ	5.611	207.42
アセトン	1.71	56.29	水銀	11.4	357
アニリン	3.22	184.40	トルエン	3.29	110.625
アンモニア	0.34	−33.35	ナフタレン	5.80	217.955
エタノール	1.160	78.29	ニトロベンゼン	5.04	210.80
エチルメチルケトン	2.28	79.64	二硫化炭素	2.35	46.225
ギ酸	2.4	100.56	ビフェニル	7.06	254.9
クロロベンゼン	4.15	131.687	フェノール	3.60	181.839
クロロホルム	3.62	61.152	t-ブチルアルコール	1.745	82.42
酢酸	2.530	117.90	プロピオン酸	3.51	140.83
酢酸エチル	2.583	77.114	ブロモベンゼン	6.26	155.908
酢酸メチル	2.061	56.323	ヘキサン	2.78	68.740
ジエチルエーテル	1.824	34.55	ヘプタン	3.43	98.427
四塩化炭素	4.48	76.75	ベンゼン	2.53	80.100
シクロヘキサン	2.75	80.725	無水酢酸	3.53	136.4
1,1-ジクロロエタン	3.20	57.28	メタノール	0.785	64.70
1,2-ジクロロエタン	3.44	83.483	ヨウ化エチル	5.16	72.30
ジクロロメタン	2.60	39.75	ヨウ化メチル	4.19	42.43
1,2-ジブロモエタン	6.608	131.36	酪酸	3.94	163.27
臭化エチル	2.53	38.35			

単位は K·kg/mol (日本化学会編「化学便覧 基礎編」(2004) より)

表 A.14　モル凝固点降下

溶媒	モル凝固点降下	凝固点 (°C)	溶媒	モル凝固点降下	凝固点 (°C)
NH_3	0.98	−77.7	クロロホルム	4.90	−63.55
$HgCl_2$	34.0	265	酢酸	3.90	16.66
NaCl	20.5	800	四塩化炭素	29.8	−22.95
KNO_3	29.0	335.08	シクロヘキサン	20.2	6.544
$AgNO_3$	25.74	208.6	四臭化炭素	87.1	92.7
$NaNO_3$	15.0	305.8	m-ジニトロベンゼン	10.6	91
NaOH	20.8	327.6	ジフェニルメタン	6.72	26.3
水	1.853	0	1,2-ジブロモエタン	12.5	9.79
I_2	20.4	114	ショウノウ	37.7	178.75
H_2SO_4	6.12	10.36	ステアリン酸	4.5	69
$H_2SO_4 \cdot H_2O$	4.8	8.4	ナフタレン	6.94	80.290
Na_2SO_4	62	885	ニトロベンゼン	6.852	5.76
$Na_2SO_4 \cdot 10H_2O$	3.27	32.383	尿素	21.5	132.1
アセトアミド	4.04	80.00	パルミチン酸	4.313	62.65
アセトン	2.40	−94.7	ビフェニル	7.8	70.5
アニリン	5.87	−5.98	ピリジン	4.75	−41.55
安息香酸	8.79	119.53	フェノール	7.40	40.90
アントラセン	11.65	213	t-ブチルアルコール	8.37	25.82
ギ酸	2.77	8.27	ブロモホルム	14.4	8.05
p-キシレン	4.3	13.263	ベンゼン	5.12	5.533
p-クレゾール	6.96	34.739	ホルムアミド	3.85	2.55

単位は K·kg/mol　　　　　　　　　　　　　　　(日本化学会編「化学便覧 基礎編」(2004) より)

A.4 付表

表 A.15　中性原子の電子配置

元素	K	L		M			N				O	
	1s	2s	2p	3s	3p	3d	4s	4p	4d	4f	5s	5p
1 H	1											
2 He	2											
3 Li	2	1										
4 Be	2	2										
5 B	2	2	1									
6 C	2	2	2									
7 N	2	2	3									
8 O	2	2	4									
9 F	2	2	5									
10 Ne	2	2	6									
11 Na	2	2	6	1								
12 Mg	2	2	6	2								
13 Al	2	2	6	2	1							
14 Si	2	2	6	2	2							
15 P	2	2	6	2	3							
16 S	2	2	6	2	4							
17 Cl	2	2	6	2	5							
18 Ar	2	2	6	2	6							
19 K	2	2	6	2	6		1					
20 Ca	2	2	6	2	6		2					
21 Sc	2	2	6	2	6	1	2					
22 Ti	2	2	6	2	6	2	2					
23 V	2	2	6	2	6	3	2					
24 Cr	2	2	6	2	6	5	1					
25 Mn	2	2	6	2	6	5	2					
26 Fe	2	2	6	2	6	6	2					
27 Co	2	2	6	2	6	7	2					
28 Ni	2	2	6	2	6	8	2					
29 Cu	2	2	6	2	6	10	1					
30 Zn	2	2	6	2	6	10	2					
31 Ga	2	2	6	2	6	10	2	1				
32 Ge	2	2	6	2	6	10	2	2				
33 As	2	2	6	2	6	10	2	3				
34 Se	2	2	6	2	6	10	2	4				
35 Br	2	2	6	2	6	10	2	5				
36 Kr	2	2	6	2	6	10	2	6				
37 Rb	2	2	6	2	6	10	2	6			1	
38 Sr	2	2	6	2	6	10	2	6			2	
39 Y	2	2	6	2	6	10	2	6	1		2	
40 Zr	2	2	6	2	6	10	2	6	2		2	
41 Nb	2	2	6	2	6	10	2	6	4		1	
42 Mo	2	2	6	2	6	10	2	6	5		1	
43 Tc	2	2	6	2	6	10	2	6	5		2	
44 Ru	2	2	6	2	6	10	2	6	7		1	
45 Rh	2	2	6	2	6	10	2	6	8		1	
46 Pd	2	2	6	2	6	10	2	6	10			
47 Ag	2	2	6	2	6	10	2	6	10		1	
48 Cd	2	2	6	2	6	10	2	6	10		2	
49 In	2	2	6	2	6	10	2	6	10		2	1
50 Sn	2	2	6	2	6	10	2	6	10		2	2
51 Sb	2	2	6	2	6	10	2	6	10		2	3
52 Te	2	2	6	2	6	10	2	6	10		2	4
53 I	2	2	6	2	6	10	2	6	10		2	5
54 Xe	2	2	6	2	6	10	2	6	10		2	6

元素	K	L		M			N				O				P			Q
	1s	2s	2p	3s	3p	3d	4s	4p	4d	4f	5s	5p	5d	5f	6s	6p	6d	7s
55 Cs	2	2	6	2	6	10	2	6	10		2	6			1			
56 Ba	2	2	6	2	6	10	2	6	10		2	6			2			
57 La	2	2	6	2	6	10	2	6	10		2	6	1		2			
58 Ce	2	2	6	2	6	10	2	6	10	2	2	6	1		2			
59 Pr	2	2	6	2	6	10	2	6	10	3	2	6			2			
60 Nd	2	2	6	2	6	10	2	6	10	4	2	6			2			
61 Pm	2	2	6	2	6	10	2	6	10	5	2	6			2			
62 Sm	2	2	6	2	6	10	2	6	10	6	2	6			2			
63 Eu	2	2	6	2	6	10	2	6	10	7	2	6			2			
64 Gd	2	2	6	2	6	10	2	6	10	7	2	6	1		2			
65 Tb	2	2	6	2	6	10	2	6	10	9	2	6			2			
66 Dy	2	2	6	2	6	10	2	6	10	10	2	6			2			
67 Ho	2	2	6	2	6	10	2	6	10	11	2	6			2			
68 Er	2	2	6	2	6	10	2	6	10	12	2	6			2			
69 Tm	2	2	6	2	6	10	2	6	10	13	2	6			2			
70 Yb	2	2	6	2	6	10	2	6	10	14	2	6			2			
71 Lu	2	2	6	2	6	10	2	6	10	14	2	6	1		2			
72 Hf	2	2	6	2	6	10	2	6	10	14	2	6	2		2			
73 Ta	2	2	6	2	6	10	2	6	10	14	2	6	3		2			
74 W	2	2	6	2	6	10	2	6	10	14	2	6	4		2			
75 Re	2	2	6	2	6	10	2	6	10	14	2	6	5		2			
76 Os	2	2	6	2	6	10	2	6	10	14	2	6	6		2			
77 Ir	2	2	6	2	6	10	2	6	10	14	2	6	7		2			
78 Pt	2	2	6	2	6	10	2	6	10	14	2	6	9		1			
79 Au	2	2	6	2	6	10	2	6	10	14	2	6	10		1			
80 Hg	2	2	6	2	6	10	2	6	10	14	2	6	10		2			
81 Tl	2	2	6	2	6	10	2	6	10	14	2	6	10		2	1		
82 Pb	2	2	6	2	6	10	2	6	10	14	2	6	10		2	2		
83 Bi	2	2	6	2	6	10	2	6	10	14	2	6	10		2	3		
84 Po	2	2	6	2	6	10	2	6	10	14	2	6	10		2	4		
85 At	2	2	6	2	6	10	2	6	10	14	2	6	10		2	5		
86 Rn	2	2	6	2	6	10	2	6	10	14	2	6	10		2	6		
87 Fr	2	2	6	2	6	10	2	6	10	14	2	6	10		2	6		1
88 Ra	2	2	6	2	6	10	2	6	10	14	2	6	10		2	6		2
89 Ac	2	2	6	2	6	10	2	6	10	14	2	6	10		2	6	1	2
90 Th	2	2	6	2	6	10	2	6	10	14	2	6	10		2	6	2	2
91 Pa	2	2	6	2	6	10	2	6	10	14	2	6	10	2	2	6	1	2
92 U	2	2	6	2	6	10	2	6	10	14	2	6	10	3	2	6	1	2
93 Np	2	2	6	2	6	10	2	6	10	14	2	6	10	5	2	6	1	2
94 Pu	2	2	6	2	6	10	2	6	10	14	2	6	10	6	2	6		2
95 Am	2	2	6	2	6	10	2	6	10	14	2	6	10	7	2	6		2
96 Cm	2	2	6	2	6	10	2	6	10	14	2	6	10	7	2	6	1	2
97 Bk	2	2	6	2	6	10	2	6	10	14	2	6	10	8	2	6	1	2
98 Cf	2	2	6	2	6	10	2	6	10	14	2	6	10	10	2	6		2
99 Es	2	2	6	2	6	10	2	6	10	14	2	6	10	11	2	6		2
100 Fm	2	2	6	2	6	10	2	6	10	14	2	6	10	12	2	6		2
101 Md	2	2	6	2	6	10	2	6	10	14	2	6	10	13	2	6		2
102 No	2	2	6	2	6	10	2	6	10	14	2	6	10	14	2	6		2
103 Lr	2	2	6	2	6	10	2	6	10	14	2	6	10	14	2	6	1	2

元素の

族周期	1	2	3	4	5	6	7	8	9
1	1.008 ₁H 水素 13.60 2.2								
2	6.941 ₃Li リチウム 5.39 1.0	9.012 ₄Be ベリリウム 9.32 1.5							
3	22.99 ₁₁Na ナトリウム 5.14 0.9	24.31 ₁₂Mg マグネシウム 7.65 1.2							
4	39.10 ₁₉K カリウム 4.34 0.8	40.08 ₂₀Ca カルシウム 6.11 1.0	44.96 ₂₁Sc スカンジウム 6.54 1.3	47.87 ₂₂Ti チタン 6.82 1.5	50.94 ₂₃V バナジウム 6.74 1.6	52.00 ₂₄Cr クロム 6.77 1.6	54.94 ₂₅Mn マンガン 7.44 1.5	55.85 ₂₆Fe 鉄 7.87 1.8	58.93 ₂₇Co コバルト 7.86 1.8
5	85.47 ₃₇Rb ルビジウム 4.18 0.8	87.62 ₃₈Sr ストロンチウム 5.70 1.0	88.91 ₃₉Y イットリウム 6.38 1.2	91.22 ₄₀Zr ジルコニウム 6.84 1.4	92.91 ₄₁Nb ニオブ 6.88 1.6	95.96 ₄₂Mo モリブデン 7.10 1.8	(99) ₄₃Tc テクネチウム 7.28 1.9	101.1 ₄₄Ru ルテニウム 7.37 2.2	102.9 ₄₅Rh ロジウム 7.46 2.2
6	132.9 ₅₅Cs セシウム 3.89 0.7	137.3 ₅₆Ba バリウム 5.21 0.9	57〜71 ランタノイド	178.5 ₇₂Hf ハフニウム 6.78 1.3	180.9 ₇₃Ta タンタル 7.40 1.5	183.8 ₇₄W タングステン 7.60 1.7	186.2 ₇₅Re レニウム 7.76 1.9	190.2 ₇₆Os オスミウム 8.28 2.2	192.2 ₇₇Ir イリジウム 9.02 2.2
7	(223) ₈₇Fr フランシウム 4.0 0.7	(226) ₈₈Ra ラジウム 5.28 0.9	89〜103 アクチノイド	(267) ₁₀₄Rf ラザホージウム	(268) ₁₀₅Db ドブニウム	(271) ₁₀₆Sg シーボーギウム	(272) ₁₀₇Bh ボーリウム	(277) ₁₀₈Hs ハッシウム	(276) ₁₀₉Mt マイトネリウム

原子番号 — ₆C — 原子量*／元素記号／元素名／電気陰性度(Pauling)
第一イオン化エネルギー(eV) 11.26 2.5

□ 典型元素　■ 遷移元素

138.9 ₅₇La ランタン 5.58 1.1	140.1 ₅₈Ce セリウム 5.54 1.1	140.9 ₅₉Pr プラセオジム 5.46 1.1	144.2 ₆₀Nd ネオジム 5.53 1.1	(145) ₆₁Pm プロメチウム 5.58 1.1	150.4 ₆₂Sm サマリウム 5.64 1.2
(227) ₈₉Ac アクチニウム 5.17 1.1	232.0 ₉₀Th トリウム 6.08 1.3	231.0 ₉₁Pa プロトアクチニウム 5.89 1.5	238.0 ₉₂U ウラン 6.19 1.7	(237) ₉₃Np ネプツニウム 6.27 1.3	(239) ₉₄Pu プルトニウム 5.8 1.3

*ここに示す原子量は，各元素の詳しい原子量の値を有効数字4桁に四捨五入して作成されたものである（日本化学会原子量専門委員会，2018）．安定同位体がなく，同位体の天然存在比が一定しない元素は，同位体の質量数の一例を（ ）の中に示す．

B, Si, Ge, As, Sb, Te など金属元素と非金属元素との境界付近の元素は半金属元素ともよばれ，金属の性質と非金属の性質の中間を示す．

周　期　表

族→ ↓周期	10	11	12	13	14	15	16	17	18
1									4.003 ₂He ヘリウム 24.59
2				10.81 ₅B ホウ素 8.30　2.0	12.01 ₆C 炭素 11.26　2.5	14.01 ₇N 窒素 14.53　3.0	16.00 ₈O 酸素 13.62　3.5	19.00 ₉F フッ素 17.42　4.0	20.18 ₁₀Ne ネオン 21.56
3				26.98 ₁₃Al アルミニウム 5.99　1.5	28.09 ₁₄Si ケイ素 8.15　1.8	30.97 ₁₅P リン 10.49　2.1	32.07 ₁₆S 硫黄 10.36　2.5	35.45 ₁₇Cl 塩素 12.97　3.0	39.95 ₁₈Ar アルゴン 15.76
4	58.69 ₂₈Ni ニッケル 7.64　1.8	63.55 ₂₉Cu 銅 7.73　1.9	65.38 ₃₀Zn 亜鉛 9.39　1.6	69.72 ₃₁Ga ガリウム 6.00　1.6	72.63 ₃₂Ge ゲルマニウム 7.90　1.8	74.92 ₃₃As ヒ素 9.81　2.0	78.96 ₃₄Se セレン 9.75　2.4	79.90 ₃₅Br 臭素 11.81　2.8	83.80 ₃₆Kr クリプトン 14.00　3.0
5	106.4 ₄₆Pd パラジウム 8.34　2.2	107.9 ₄₇Ag 銀 7.58　1.9	112.4 ₄₈Cd カドミウム 8.99　1.7	114.8 ₄₉In インジウム 5.79　1.7	118.7 ₅₀Sn スズ 7.34　1.8	121.8 ₅₁Sb アンチモン 8.64　1.9	127.6 ₅₂Te テルル 9.01　2.1	126.9 ₅₃I ヨウ素 10.45　2.5	131.3 ₅₄Xe キセノン 12.13　2.7
6	195.1 ₇₈Pt 白金 8.61　2.2	197.0 ₇₉Au 金 9.23　2.4	200.6 ₈₀Hg 水銀 10.44　1.9	204.4 ₈₁Tl タリウム 6.11　1.8	207.2 ₈₂Pb 鉛 7.42　1.8	209.0 ₈₃Bi ビスマス 7.29　1.9	(210) ₈₄Po ポロニウム 8.42　2.0	(210) ₈₅At アスタチン 9.5　2.2	(222) ₈₆Rn ラドン 10.75

□ 非金属元素
□ 金属元素

152.0 ₆₃Eu ユウロピウム 5.67　1.2	157.3 ₆₄Gd ガドリニウム 6.15　1.2	158.9 ₆₅Tb テルビウム 5.86　1.2	162.5 ₆₆Dy ジスプロシウム 5.94　1.2	164.9 ₆₇Ho ホルミウム 6.02　1.2	167.3 ₆₈Er エルビウム 6.11　1.2	168.9 ₆₉Tm ツリウム 6.18　1.2	173.1 ₇₀Yb イッテルビウム 6.25　1.1	175.0 ₇₁Lu ルテチウム 5.43　1.2	ランタ ノイド
(243) ₉₅Am アメリシウム 6.0　1.3	(247) ₉₆Cm キュリウム 6.09　1.3	(247) ₉₇Bk バークリウム 6.30　1.3	(252) ₉₈Cf カリホルニウム 6.30　1.3	(252) ₉₉Es アインスタイニウム 6.52　1.3	(257) ₁₀₀Fm フェルミウム 6.64　1.3	(258) ₁₀₁Md メンデレビウム 6.74　1.3	(259) ₁₀₂No ノーベリウム 6.84　1.3	(262) ₁₀₃Lr ローレンシウム	アクチ ノイド

演習問題解答

1章

1.1 (1) 誤．陽子と中性子の質量である． (2) 誤．ダイヤモンドは単体である． (3) 正．
(4) 誤．フントの規則は，エネルギー準位が同じ軌道に複数の電子を配置するとき，空いていればスピン平行で異なる軌道に電子が入ることである．
(5) 正． (6) 誤．遷移元素のこと． (7) 正． (8) 正． (9) 正． (10) 正．

1.2 (1) 誤．二酸化炭素分子の構造は直線形，折れ曲がった直線分子で温室効果を示すガスとしては水蒸気がある．
(2) 誤．電子1個の移動を示す．電子対の移動は⤴ (矢印の先端形状に注意).
(3) 誤．陰イオン→陽イオン．または，カチオン→アニオン．
(4) 正． (5) 正． (6) 誤．ルイス塩基→ルイス酸．または，電子対受容体→電子対供与体．
(7) 誤．共有結合→イオン結合． (8) 誤．金属結合→イオン結合． (9) 正．
(10) 誤．強く→弱く．または，大きい→小さい．

1.3 (1) 誤．正電荷→負電荷．または，大きい→小さい．
(2) 正．統一されていればどちらでもよい．
(3) 誤．反比例→比例． (4) 正．単位は C·m でもよい．
(5) 誤．結合双極子をもつが，分子全体の双極子モーメントはない．
(6) 誤．等核二原子分子や単原子分子は結合双極子をもたないし，分子全体の双極子モーメントももたない．
(7) 正． (8) 正． (9) 誤．働かない→働く． (10) 誤．比例→反比例．

1.4 (1) 誤．180°が最も安定．
(2) 誤．水素結合→ペプチド結合．または，一次構造→二次構造．
(3) 正． (4) 誤．平衡関係を示す．共鳴関係を表す矢印は ⟷ である．
(5) 誤．電子対の移動を示す．電子1個の移動を表す矢印は⤴ (矢印の先端形状に注意).
(6) 誤．3か所→2か所．または，アデニンとチミン→グアニンとシトシン．
(7) 誤．分子間水素結合→分子内水素結合．
(8) 誤．水素結合→イオン結合．または，大きい→小さい (表 1.8 参照).
(9) 誤．βターン→βシート．
(10) 誤．四次構造→二次構造 (四次構造とは，三次構造を形成したポリペプチド (サブユニット) が複数集合したもの).

1.5 (1) 誤．エンタルピー→エントロピー． (2) 正． (3) 誤．大きい→小さい．
(4) 誤．親水基を外側，疎水基を内側 (つまり逆)． (5) 正． (6) 誤．熱力学第二法則．
(7) 正． (8) 誤．分子間力である分散力と関係している． (9) 正． (10) 誤．3本→2本．

2章

2.1 (1) 正．分子間に働く引力 (ファンデルワールス力) は，距離 r の 6 乗分の 1 ($1/r^6$) に比例して大きくなる．ただし，距離が近くなりすぎると逆に斥力が働いて反発するようになる．
(2) 誤．マクスウェル–ボルツマン分布に従って，ばらついて分布している．

(3) 誤．吸熱反応である．
(4) 正．ボイル–シャルルの法則である．
(5) 正．ボルツマン定数は，1.381×10^{-23} J/K である．
(6) 誤．溶液 1 L 中の溶質のモル数である．
(7) 誤．電子を引き付けて負電荷をもつのは，酸素 O である．
(8) 誤．プロパノールの方が，疎水性の大きいアルキル基をもつので，水に溶けにくい．
(9) 正．希薄溶液では，蒸気圧が小さくなる．
(10) 誤．両親媒性物質の親水基が外側を向いて形成されるミセルは，親水コロイド粒子である．

2.2 (1) 正．(2) 正．(3) 誤．氷が融解する．(4) 正．(5) 正．
(6) 誤．酸素原子の方がイオウ原子より水素結合形成能が高いことに起因している．

2.3 ① 蒸気圧降下 (順不同)　② 沸点上昇 (順不同)　③ 異なる　④ NaCl 水溶液の方が大きい
⑤ cRT　⑥ 0.9　⑦ 5　⑧ 0.52

2.4 涙液の浸透圧は，0.9%NaCl 水溶液の浸透圧に等しいので，100 mL の点眼剤には食塩 0.9 g に相当する量が含まれていればよい．等張化する前のピロカルピン塩酸塩 1%点眼剤 100 mL には 0.24 g(= 0.9 − 0.66) の食塩に相当する浸透圧を有していたことになる．したがって，ピロカルピン塩酸塩 3%点眼剤 100 mL は 0.72 g (= 0.24×3) の食塩に相当する浸透圧を有しているので，等張化に必要な食塩は 0.18 g (= 0.9 − 0.72) である．

2.5 (1) 正．
(2) 誤．ブラウン運動はコロイド粒子に分散媒分子が衝突することによって起こる不規則な運動である．
(3) 正．(4) 誤．エマルションは液体の分散媒中に液体分子が分散している．
(5) 正．(6) 正．

3 章

3.1 (1) 誤．平衡定数は，反応温度が変わらなければ反応物の濃度に関係なく一定の値をとる．
(2) 正．
(3) 正．ルシャトリエの原理より，可逆反応が平衡状態にあるとき，濃度を変化させると，その変化により生じる影響を和らげる方向に平衡が移動する．
(4) 正．
(5) 誤．反応速度は，反応物の濃度の減少，または生成物の濃度の増加で表すことができる．
(6) 正．
(7) 誤．反応物の濃度に関係なく一定の反応速度で生成物ができるのは，0 次反応である．
(8) 誤．通常，温度が 10 K 上昇すると，反応速度定数は 2〜4 倍大きくなる．
(9) 誤．温度の上昇によって遷移状態になるのは反応物分子である．
(10) 誤．触媒は，反応の活性化エネルギーを下げることで，反応速度を大きくする．

3.2 (4), (6), (5), (2), (1), (3), (10), (8), (7), (9)

3.3 $2KMnO_4 + 5H_2O_2 + 3H_2SO_4 \rightleftarrows K_2SO_4 + 2MnSO_4 + 8H_2O + 5O_2$
Mn の酸化数: $+7 \rightarrow +2$，H_2O_2 の O の酸化数: $-1 \rightarrow 0$

索　引

英数字

0 次反応　　76
1 次反応　　76
2 次反応　　76
β シート　　28
π 結合　　12, 25
σ 結合　　12
D（デバイ）　　18
mol（モル）　　9
MO 法　　13
n 次反応　　76
pK_a　　83
pK_b　　84
VB 法　　12

あ 行

圧縮因子　　46
圧力　　38
アニオン　　2, 10, 11
アボガドロ定数　　9
アミノ基　　28
アミノ酸残基　　28
アルカリ金属　　5, 14
アルカリ土類金属　　5
アルカン　　23
アレニウスの式　　80
アレニウスプロット　　80
イオン化エネルギー　　6, 15
イオン化傾向　　94
イオン化合物　　10
イオン化ポテンシャル　　6
イオン形　　54, 67, 83
イオン結合　　10
イオン結合性　　16
イオン結晶　　11
一塩基弱酸　　83
一次構造　　28

一酸弱塩基　　87
陰イオン　　2
陰性　　15
永久双極子　　18
永久双極子-永久双極子相互作用　　20
液化　　39
液体　　37
エネルギー準位　　3
エマルション　　62
塩　　89
塩基　　81
塩基解離定数　　84
塩基性　　81
塩橋　　17, 96
延性　　14
塩析　　60
エントロピー　　31
エントロピー増大の法則　　31
オクテット　　10, 13
オクテット則　　10

か 行

化学式量　　9
化学平衡　　67
　　――の移動　　70
　　――の法則　　69
可逆反応　　67
化合物　　2
かご状構造　　30
価数　　94
カチオン　　2, 10, 11
活性化エネルギー　　79, 80
活性化状態　　79
カルボキシル基　　28
還元　　94
還元剤　　94

緩衝液　　92
緩衝能　　93
気化　　39
希ガス　　5, 23
気化熱　　41
気体　　37
気体定数　　46, 80
基底状態　　4
軌道　　2
希土類元素　　5
逆反応　　67
吸熱過程　　41
吸熱反応　　72
凝結　　60
凝固　　39
凝固点　　41
凝固点降下　　58
強酸　　83
凝縮　　39
凝縮点　　41
凝析　　60
共通イオン効果　　56
共鳴構造　　26
共役酸塩基　　83
共有結合　　11
共有結合性　　16
極性　　17
極性共有結合　　16
極性結合　　16
極性分子　　16, 42
均一触媒　　80
金属結合　　14
金属結合半径　　14
金属元素　　14, 15
金属性　　15
クーロン力　　11, 43
結合性分子軌道　　13

結合双極子　18
結晶構造　38
結晶多形　44
ゲル　59
原子　1
原子核　1
原子価結合法　12
原子軌道　12
原子番号　1
原子量　9
元素の周期律　5
懸濁液　61
光子　7
格子エネルギー　11
光電効果　6
光量子　7
固体　37
固体触媒　81
コロイド分散系　59
コロイド溶液　59
コロイド粒子　32, 59

さ　行

最多重率の原理　4
サスペンション　61
酸　81
酸化　94
酸解離定数　83
酸化還元反応　93
酸化剤　94
酸化数　94
三次構造　28
三重結合　12
三重点　41
酸性　81
式量　9
磁気量子数　3
脂質二重層　32
自然対数　77
実在気体　46
質量作用の法則　69
質量対容量百分率　50
質量百分率　50
質量モル濃度　51
至適pH　92

弱酸　83
遮蔽効果　26
シャルルの法則　45
周期　5
周期表　5
自由電子　14
縮重　3
主鎖　28
主量子数　2
瞬間双極子　22
昇華　39
昇華曲線　41
蒸気圧　40
蒸気圧曲線　41
蒸気圧降下　57
蒸気圧降下度　57
状態図　41
蒸発　39
蒸発熱　41
触媒　80
初濃度　77
親水基　32, 52
親水コロイド粒子　60
親水性　32
浸透　58
浸透圧　58
水素供与体　26
水素結合　25, 42
水素受容体　26
水平化効果　83
水和　52
スピン量子数　3
スペクトル　6
正触媒　80
生体膜のモデル　54
静電気力　43
静電的相互作用　10
正反応　67
絶対温度　45, 80
全圧　47
遷移元素　5
遷移状態　79
双極子　18
双極子-双極子相互作用　20
双極子モーメント　17, 18

双極子-誘起双極子相互作用　21
相図　41
族　5
側鎖　28
疎水基　32, 53
疎水効果　31
疎水コロイド粒子　60
疎水性　30, 32
疎水性相互作用　30–32, 54
素反応　78
ゾル　59

た　行

体積百分率　50
多塩基酸　83, 87
多重結合　12, 25
ダニエル電池　96
単結合　12
単体　2
タンパク質の階層構造　28
中性　82
中性子　1
中和滴定　89
中和反応　89
チンダル現象　60
滴定　89
滴定曲線　90
電位　94
電荷移動　26
電気陰性度　6, 15, 19, 42
電気泳動　61
電気伝導度　15
電極　94
電極電位　94
典型元素　5
電子　1
電子殻　2
電子親和力　6, 15
電子対供与体　13
電子対結合　11
電子対受容体　13
電子配置　10
展性　14
転相　63

索　引

電池　95
電離平衡　67
同位体　9
等核二原子分子　16
凍結乾燥　42
透析　61
銅族元素　6
等張化　59
等量点　89
ド・ブロイ波　8
ドルトンの分圧の法則　47

な 行

難溶性　52
二次構造　28
二重結合　12
二重らせん　27
乳化剤　63
乳濁液　62
熱化学方程式　72
熱伝導度　15
熱力学第2法則　31
ネルンストの式　95

は 行

配位共有結合　13
配位結合　13
配向力　20
パウリの排他原理　4
発熱過程　41
発熱反応　72
波動性　7
ハロゲン　5
反結合性分子軌道　13
半減期　77
半電池　94
半電池反応　96
半透膜　58
反応経路　80
反応速度　67, 68, 73
反応速度定数　75
反応中間体　81
反応の次数　76
光の二重性　7
非局在化　14

非金属元素　15
標準電極電位　94
氷点降下　58
頻度因子　80
ファヤンスの規則　16
ファンデルワールス力　17, 20
ファントホッフの式　59
不可逆反応　69, 70
不活性ガス　5
不均一触媒　80
複合反応　78
負触媒　80
物質の三態　37
物質波　8
沸点　40
沸点上昇　57
沸騰　40
ブラウン運動　60
プランク定数　6
分圧　47
分極　21
分極率　24
分散力　20-22
分子　2
分子間水素結合　27
分子軌道法　13
分子形　54, 67, 83
分子内水素結合　27
分子量　9
フントの規則　4
閉殻構造　10, 12
平衡移動　70
　　──の原理　73
平衡状態　67
平衡定数　69
並進運動　38
ペプチド結合　28
ヘンダーソン-ハッセルバルヒの
　　式　84
ボーア半径　7
ボイル-シャルルの法則　46
ボイルの法則　45
方位量子数　2
飽和蒸気圧　40
飽和溶液　51

保護コロイド　60
ポリヌクレオチド鎖　27
ポリペプチド　28
ポリペプチド鎖　28
ボルタ電池　96
ボルツマン定数　49
ボルツマンの原理　31
ボルツマン分布則　49

ま 行

マイクロカプセル　63
マクスウェル-ボルツマン分布
　　39
水のイオン積　82
ミセル　32, 54
無機化合物　2
無極性分子　19
モル凝固点降下定数　58
モル濃度　51
モル沸点上昇定数　58
モル分率　47, 84

や 行

薬物送達システム　54
融解　39, 41
融解曲線　41
融解熱　41
有機化合物　2
誘起双極子　21
誘起双極子-誘起双極子相互作用
　　21, 22
誘起力　20, 21
融点　41
陽イオン　2
溶解度　51
溶解度積　56
溶解平衡　51, 68
陽子　1
溶質　50
陽性　15
溶媒　50
四次構造　28

ら 行

ラウールの法則　57

乱雑さ　31
理想気体　44
　——の状態方程式　46
律速段階　78
リポソーム　54
粒子性　7
リュードベリ式　7

リュードベリ定数　7
量子　6
量子化　6
量子数　2
両親媒性物質　53
両性物質　88
臨界ミセル濃度　54

ルイス塩基　13
ルイス酸　13
ルイス式　11
ルシャトリエの原理　73
ロンドン分散力　22
ロンドン力　22

■編集委員長
入村達郎（いりむら　たつろう）
1971年　東京大学薬学部薬学科卒業
1974年　東京大学大学院薬学系研究科博士課程中退
現　在　東京大学名誉教授，薬学博士

■編　者
楯　直子（たて　なおこ）
1984年　東京大学薬学部薬学科卒業
1989年　東京大学大学院薬学系研究科博士課程修了
現　在　帝京大学薬学部教授，薬学博士

平嶋尚英（ひらしま　なおひで）
1984年　東京大学薬学部製薬学科卒業
1986年　東京大学大学院薬学系研究科博士課程中退
現　在　名古屋市立大学大学院薬学研究科教授，博士（薬学）

■著　者
近藤伸一（こんどう　しんいち）　　1.1節
1987年　岐阜薬科大学卒業
1991年　岐阜薬科大学大学院博士後期課程修了
現　在　岐阜薬科大学教授，博士（薬学）

櫻井宣彦（さくらい　のぶひこ）　　1.2節
1988年　青山学院大学理工学部化学科卒業
1990年　青山学院大学大学院理工学研究科化学専攻博士前期課程修了
1998年　金沢大学大学院自然科学研究科生命科学専攻博士後期課程修了
現　在　名古屋市立大学大学院システム自然科学研究科准教授，博士（理学）

古野忠秀（ふるの　ただひで）　　2章
1991年　名古屋市立大学薬学部卒業
1993年　名古屋市立大学大学院薬学研究科博士前期課程修了
現　在　愛知学院大学薬学部准教授，博士（薬学）

加藤真介（かとう　しんすけ）　　3.1節
1985年　東北薬科大学薬学部薬学科卒業
1987年　東北大学大学院薬学研究科修士課程修了
現　在　横浜薬科大学薬学部教授，薬学博士

川原正博（かわはら　まさひろ）　　3.2節，3.3節
1985年　東京大学薬学部薬学科卒業
1990年　東京大学大学院薬学系研究科博士課程修了
現　在　武蔵野大学薬学部教授，薬学博士

ⓒ　楯　直子・平嶋 尚英　2014

2014年4月23日　初　版　発　行
2023年3月15日　初版第7刷発行

薬学生のための基礎シリーズ 7
基 礎 化 学

編 者　楯　　直　子
　　　　平　嶋　尚　英
発行者　山　本　　格

発行所　株式会社　培風館
東京都千代田区九段南 4-3-12・郵便番号 102-8260
電 話(03)3262-5256(代表)・振替 00140-7-44725

D.T.P. アベリー・三美印刷・牧 製本
PRINTED IN JAPAN

ISBN 978-4-563-08557-5　C3343